"十三五"江苏省高等学校重点教材

机构设计与运动仿真实践教程

周　海　　王旭华　编著

U0353020

电子工业出版社
Publishing House of Electronics Industry
北京·BEIJING

内 容 简 介

本教材以机械原理等课程的机构设计知识为基础，综合运用三维 CAD 技术、运动仿真技术，结合典型工程案例，循序渐进地介绍各类机构设计和分析方法。全书共 9 章，内容包括概述、平面连杆机构数字化设计与仿真、凸轮机构数字化设计与仿真、齿轮机构及轮系数字化设计与仿真、间隙机构数字化设计与仿真、组合机构数字化设计与仿真、万向联轴节与螺旋机构的运动仿真、机构动力学分析、机械运动方案设计综合案例，附录中给出了实验报告与实训报告和练习。

本教材可作为高等院校机械类本专科学生机构设计课程的教材和相关实践环节的指导书，也可作为从事机械产品设计的技术人员和运动仿真爱好者的参考书。

图书在版编目（CIP）数据

机构设计与运动仿真实践教程 / 周海，王旭华编著. —北京：电子工业出版社，2018.7

ISBN 978-7-121-34639-2

Ⅰ. ①机… Ⅱ. ①周… ②王… Ⅲ. ①机械设计—教材 ②机构运动分析—计算机仿真—教材 Ⅳ. ①TH122-39

中国版本图书馆CIP数据核字（2018）第141235号

策划编辑：许存权

责任编辑：许存权　　　特约编辑：谢忠玉 等

印　　刷：北京七彩京通数码快印有限公司

装　　订：北京七彩京通数码快印有限公司

出版发行：电子工业出版社

　　　　　北京市海淀区万寿路173信箱　邮编　100036

开　　本：787×1 092　1/16　印张：12.5　字数：320 千字

版　　次：2018 年 7 月第 1 版

印　　次：2021 年 2 月第 2 次印刷

定　　价：49.00 元

凡所购买电子工业出版社图书有缺损问题，请向购买书店调换。若书店售缺，请与本社发行部联系，联系及邮购电话：（010）88254888，88258888。

质量投诉请发邮件至 zlts@phei.com.cn，盗版侵权举报请发邮件至 dbqq@phei.com.cn。

本书咨询联系方式：（010）88254484，xucq@phei.com.cn。

前　言

随着计算机技术的迅速发展，计算机辅助设计的广泛应用，改变了工程设计人员进行产品设计的方法和手段，人们更多直接通过构建三维模型来进行产品设计与分析。因此，迫切需要将三维 CAD 技术引入机械原理课程中，以适应现代工程的生产实践需求。鉴于此，特编写此书。

本书主要有以下特点。

（1）将三维 CAD 技术、运动仿真技术与机械原理等课程的理论知识有机地融合为一体，建立了以运动学分析、典型机构设计、动力学分析为主线的教材体系。

（2）理论与实践一体化，用理论教学中的基本原理和设计方法，进行机构设计与分析，以便学生加深对基础理论的理解，将实践教学与机构数字化设计能力培养有机地融为一体。

（3）将参数化设计、装配设计等三维 CAD 技术和现代设计思想融入教材，以利于现代工程设计意识和工程素质的养成。

（4）作为一本实践教程，全书案例丰富，在各章中，以 SIEMENS NX 软件为平台，给出各类典型机构设计与分析的思路和操作步骤，有一定的示范性和指导意义。

本书由周海教授、王旭华副教授负责全书的统稿工作。具体编写分工如下：周海编写第 4、9 章，王旭华编写第 3、5、6 章，严潮红编写第 2、8 章，王平编写第 7 章，阳程编写第 1 章。

本教材获江苏省高校品牌专业建设工程项目（Top-notch Academic Programs Project of Jiangsu Higher Education Institutions）和国家自然科学基金项目（项目编号：51675457）资助，在编写过程中，参考了国内外一些优秀教材，在此一并致谢。

编　者

Contents

目　录

第 1 章

概　述

机构是机械产品的核心，机械化主要依靠各种机构实现。本书主要介绍在 NX 环境下，综合运用运动仿真相关功能以及装配建模等三维 CAD 技术进行典型机构的数字化设计与分析。

1.1　NX9.0 运动仿真简介

NX 运动仿真能对任何二维或三维机构进行复杂的运动学分析、动力分析和设计仿真。通过 NX 的建模功能建立一个机构或产品的数字化模型，利用 NX 的运动仿真功能给数字化模型的各个部件赋予一定的运动学特性，再在各个部件之间设立一定的连接关系，即可建立一个运动仿真模型。NX 的运动仿真功能可以对运动机构进行大量的装配分析工作、运动合理性分析工作，诸如干涉检查、轨迹包络等，得到大量的机构运动参数。通过对运动仿真模型进行运动学或动力学运动分析，可以验证运动机构设计的合理性，并且可以利用图形输出各个部件的位移、坐标、速度、加速度和力的变化情况，从而对运动机构进行优化。

运动仿真功能的实现步骤为：①建立或打开机构模型，进入运动仿真环境，构建一个运动分析方案；②进行运动方案的构建，包括设置每个零件的连杆特性，设置两个连杆间的运动副和添加机构载荷；③进行运动参数的设置，提交运动仿真模型数据，同时进行运动仿真动画的输出和运动过程的控制；④运动分析结果的数据输出和表格、变化曲线输出，人为地进行机构运动特性的分析。

1.1.1　NX9.0 运动仿真主界面

在进行运动仿真之前，先打开 NX9.0 运动仿真的主界面。选择 NX 主界面中的【文件】|【运动仿真】，随后弹出提示框，单击"是"按钮，如图 1-1 所示。

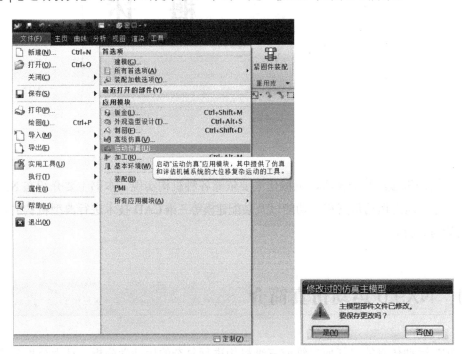

图 1-1　执行运动仿真命令

选择该菜单命令后，系统将自动打开运动仿真的主界面，同时弹出运动仿真工具栏。

该界面分为三个部分：运动仿真工具栏、运动导航器窗口和绘图区。运动仿真工具栏部分主要是运动仿真各项功能的快捷按钮，运动导航器窗口部分主要是显示当前操作下处于工作状态的各个运动场景的信息。运动仿真工具栏区又分为 7 个模块：设置、传动副、连接器、约束、加载、控制及分析，如图 1-2 所示。

运动导航器窗口显示了文件名称，运动场景的名称、类型、状态、环境参数的设置以及运动模型参数的设置，如图 1-2 所示。运动场景是 NX 运动仿真的框架和入口，它是整个运动模型的载体，储存了运动模型的所有信息。同一个三维实体模型通过设置不同的运动场景可以建立不同的运动模型，从而实现不同的运动过程，得到不同的运动参数。

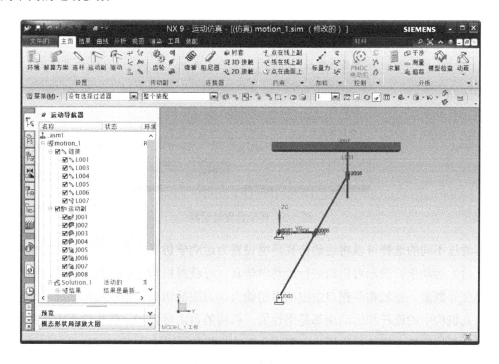

图 1-2　运动仿真主界面

1.1.2　运动方案的建立与参数设置

1．运动方案的建立

在 NX 中打开要进行运动仿真的装配文件，在主界面中选择【文件】|【运动仿真】，进入运动仿真模块。

进入运动仿真模块后，需要建立新的仿真方案才能激活运动仿真功能。在资源工具条上选择"运动导航器"，其中的树状结构显示运动仿真操作导航与顺序步骤。右击其中的装配主模型名称，选择"新建仿真"，弹出"环境"对话框，如图 1-3 所示。

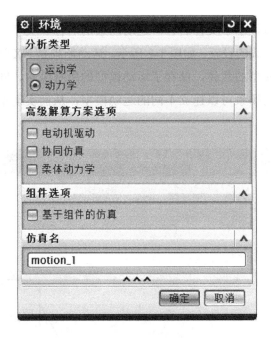

图 1-3　环境设置对话框

通过不同的选择可以将运动仿真环境设置为运动学仿真或者是静态动力学仿真。

（1）运动学。表示对机构进行运动学仿真，可获得机构运动分析的位移、速度、加速度等数据。在机构存在自由度或者初始力、力矩的情况下不能应用该选项。运动学仿真机构中的连杆和运动副都是刚性的，机构的自由度为 0，机构的重力、外部载荷以及机构摩擦会影响反作用力，但不会影响机构的运动。

（2）动力学。将对机构进行动力学分析，当机构具有一个或多个自由度或者存在初始载荷时，应选择该选项，通常的运动仿真也是选择该选项。动力学分析将考虑机构实际运动时的各种因素影响，机构中的初始力、摩擦力、组件的质量和惯性等参数都会影响机构的运动。

选中默认的"动力学"分析，默认的运动仿真方案名为"motion_1"，单击"确定"按钮，进入运动仿真模块，同时运动仿真工具条被激活可用，如图 1-2 所示。

2．运动参数的设置

在运动仿真的设计和分析中，有很多参数要经常使用，因此，最好在设计和分析之前，将一些参数设定好，便于后期调用。

选择【文件】|【所有首选项】|【运动】命令，或者选择【菜单】|【首选项】|【运动】命令，弹出"运动首选项"对话框，如图 1-4 所示。其上常用的参数和选项主要是"名称显示"、"图标比例"、"角度单位"、"质量属性"等，这些选项和参数的设置

需要根据实际分析的对象而定，参数一旦设置后，对整个全局的运动分析都有影响。

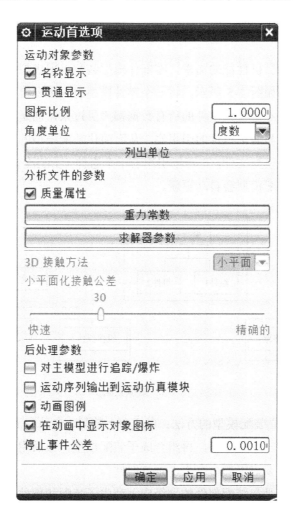

图 1-4 运动首选项对话框

1.2 装配建模

装配是 CAD 软件重要的基本功能单元。在现代设计中，装配已不再局限于单纯表达零件之间的配合关系，而且拓展到更多的应用，如运动分析、干涉检查、自顶向下设计等诸多方面。

1.2.1 NX 装配方法

为降低软件对计算机性能的需求，零部件模型装配采用虚拟装配法。装配件虚拟引用组件的主模型，如图 1-5 所示。将一个零件模型引入装配模型时，虽然可以正常显示零件模型，但并不是将该零件的所有数据都拷贝过来，而是在两者之间建立一种引用关系。通过建立和编辑组件的引用集，从而简化装配模型的显示。一个装配模型可以引用若干个零件模型文件，也可以引用若干个组件（子装配体），当装配模型的组件修改时，其相关装配模型会自动更新。

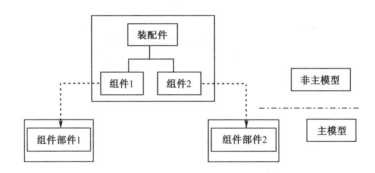

图 1-5　虚拟装配

NX 支持三种建立装配模型的方法：自底向上装配、自顶向下装配以及混合装配。自底向上的装配先创建零件模型，再组合成子装配模型，最后由子装配模型生成总装配件的装配方法，主要应用的命令为"添加组件"。

自顶向下的装配是在装配部件的顶级向下产生子装配和部件（即零件）的装配方法，并在装配级中创建与其他部件相关的部件模型，主要应用的命令为"新建组件"。

混合装配是将自底向上的装配和自顶向下的装配结合在一起的装配方法。例如，先创建几个主要部件模型，再将其装配在一起，然后在装配中设计其他部件。在实际设计中，常根据需要在两种模式下切换。

1．自底向上的装配建模

自底向上装配是先设计完装配中的部件模型，再将部件的几何模型添加到装配中，从而使该部件成为一个组件，最后生成装配部件。装配建模过程是建立组件装配关系的过程，装配关系通过装配约束来实现，如图 1-6 所示。任何装配件和子装配件都要使用非主模型去引用主模型的组件。

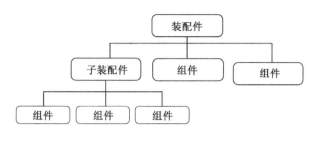

图 1-6　组件装配关系

2．自顶向下的装配建模

自顶向下的装配从装配级顶部向下产生子装配和部件等装配结构，并在装配级中创建部件模型。使用自顶向下的构造方法设计组件，需要新建组件，将该组件添加到装配。也可从装配部件中选择几何体并将其移动或复制到新的组件部件。

3．在组件中建立几何对象

在组件中建立几何对象的方法，如图 1-7 所示。组件 3 是新建立的组件，新建组件 3 时该组件为空即没有任务的几何对象。然后，将组件 3 设置为工作部件，进入建模模块，建立组件 3 的几何对象。

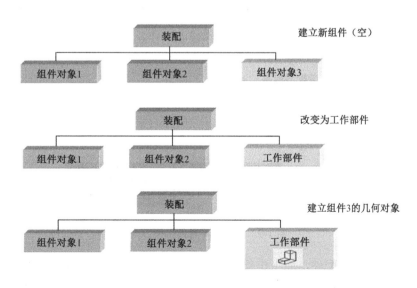

图 1-7　在组件中建立几何体

4．在装配部件中建立几何对象

如图 1-8 所示，首先在装配件中建立几何模型，在新建组件 3 的操作过程中，将装配件已经建立的几何模型选中，添加到组件 3 中，从而完成组件 3 的新建。

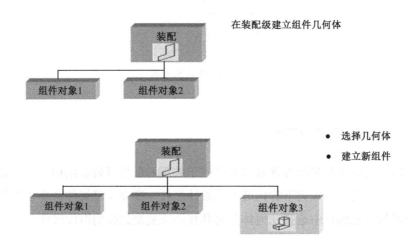

图 1-8　在装配中建立几何体

5．装配结构设计

在一个装配件中，零部件有工作部件和显示部件两种不同的工作方式，在装配导航器节点上单击 MB3 可进行设置，如图 1-9 所示。屏幕上能看到的所有部件都是显示部件。工作部件可以对模型几何体进行编辑修改工作，还可在其下添加组件。

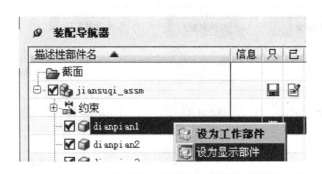

图 1-9　装配中零件的工作方式

当显示部件为装配件，而工作部件为一组件时，可以在装配的上下文中，建立和编辑组件几何体。新建组件的位置添加到工作部件节点的下一级，如图 1-10（a）显示部件及工作部件为装配 ASM，新建的组件 A2 位于装配 ASM 节点的下一级。图 1-10

（b）显示部件为装配 ASM，工作部件为 A1，新建的组件 A2 则位于节点 A1 的下一级，从而 A1 变为子装配。通过新建组件的方法，自顶向下创建装配结构。

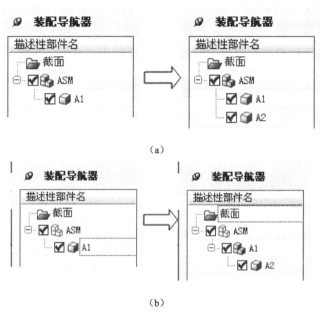

图 1-10　装配结构

1.2.2　WAVE 几何链接器

NX 的 WAVE（What-if Alternative Value Engineering）是一种实现产品装配的各组件间关联建模的技术，可以根据另一个部件的几何体或位置去设计一个部件。从而保证整个装配和零部件的参数关联性，最适合于复杂产品的几何界面相关性、产品系列化和变型产品的快速设计。

利用 WAVE 几何链接器在工作部件中建立相关或不相关的几何体。可以创建关联的链接对象，也可以创建非关联副本。在编辑源几何体时，关联的链接几何体将随之更新。在装配工具条上单击 WAVE 几何链接器图标 或单击"插入"→"关联复制"→"WAVE 几何链接器"，弹出如图 1-11 所示的对话框。可以创建 WAVE 链接的几何体类型有：复合曲线、点、基准、草图、面、面区域、体、镜像体和管线布置对象。

WAVE 几何链接器的一般应用步骤如下。

（1）在装配导航器中，右键单击将要进行链接几何体操作的组件，然后设为工作部件。

（2）在装配工具条上，单击 WAVE 几何链接器 ⌗，或选择"插入"→"关联复制"→"WAVE 几何链接器"。

（3）在 WAVE 几何链接器对话框的类型列表中，选择充当源几何体对象的类型。

（4）在图形窗口的父部件中，选择要链接到工作部件的几何体。

设置所有与链接对象类型相关的选项，然后单击"确定"按钮。

图 1-11　WAVE 几何链接器对话框

●●◌➡思考题

如图 1-12 所示，应用混合装配方法，实现在端盖上创建垫片。装配设计中，先使用自底向上的装配设计方法，然后使用自顶向下的设计方法，并在装配过程中应用 WAVE 技术实现端盖与垫片参数的关联。

图 1-12　在端盖上创建垫片

第 2 章

平面连杆机构数字化
设计与仿真

2.1 平面连杆机构简介

平面连杆机构是由若干构件通过低副联接而成的平面机构,也称平面低副机构。

2.1.1 平面连杆机构的特点和基本类型

平面连杆机构广泛应用于各种机械和仪表中,其主要优点有:①由于运动副是低副,面接触,所以传力时压强小,磨损较轻,承载能力较高;②构件的形状简单,易于加工,构件之间的接触由构件本身的几何约束来保持,故工作可靠;③可实现多种运动形式及其转换,满足多种运动规律的要求;④利用平面连杆机构中的连杆可满足多种运动轨迹的要求。主要缺点有：①低副中存在间隙，机构不可避免地存在运动误差，精度不高。②主动构件匀速运动时，从动件通常为变速运动，故存在惯性力，不适用于高速场合。

平面机构常以其组成的构件（杆）数来命名，如由四个构件通过低副联接而成的机构称为四杆机构，而五杆或五杆以上的平面连杆机构称为多杆机构。四杆机构是平面连杆机构中最常见的形式，也是多杆机构的基础。

构件间的运动副均为转动副联接的四杆机构，是四杆机构的基本形式，称为铰链四杆机构，如图 2-1 所示。

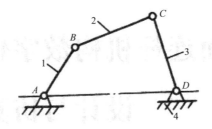

图 2-1　铰链四杆机构

根据两连架杆的运动形式不同，铰链四杆机构可分为以下三种基本形式，并以其连架杆的名称组合来命名。

（1）曲柄摇杆机构

两连架杆中一个为曲柄，另一个为摇杆的四杆机构，称为曲柄摇杆机构。曲柄摇杆机构中，当以曲柄为原动件时，可将曲柄的匀速转动变为从动件的摆动。如图 2-2 所示的雷达天线机构，如图 2-3 所示的缝纫机踏板机构。

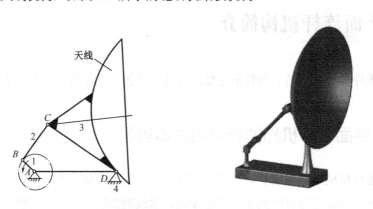

图 2-2　雷达天线机构

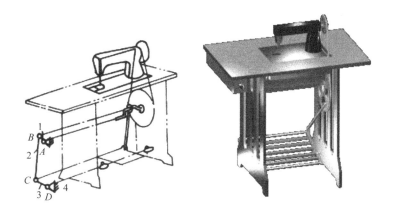

图 2-3　缝纫机踏板机构

（2）双曲柄机构

两连架杆均为曲柄的四杆机构称为双曲柄机构。通常，主动曲柄作匀速转动时，从动曲柄作同向变速转动，如图 2-4 所示的惯性筛机构，如图 2-5 所示的机车车轮联动机构，如图 2-6 所示的摄影车座斗机构，如图 2-7 所示的车门启闭机构。

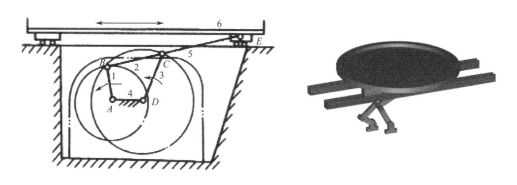

图 2-4　惯性筛机构

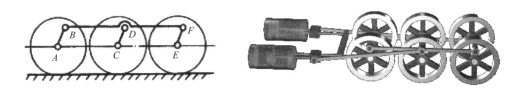

图 2-5　机车车轮联动机构

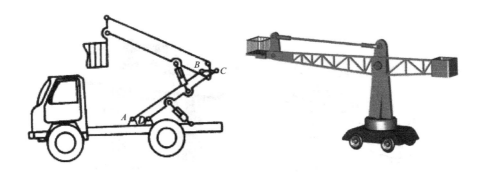

图 2-6　摄影车座斗机构

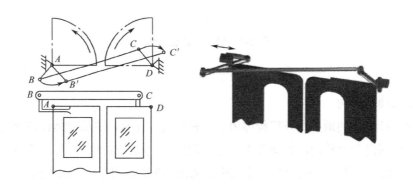

图 2-7　车门启闭机构

（3）双摇杆机构

两连架杆均为摇杆的铰链四杆机构称为双摇杆机构。如图 2-8 所示的电风扇摇头机构，如图 2-9 所示的飞机起落架机构，如图 2-10 所示的汽车前轮转向机构，如图 2-11 所示的港口起重机机构。

生产中广泛应用的各种四杆机构，都可认为是从铰链四杆机构演化而来的。

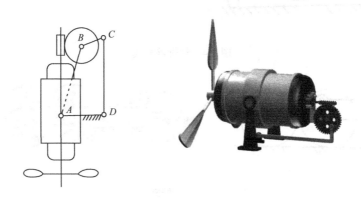

图 2-8　电风扇摇头机构

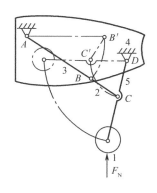

图 2-9　飞机起落架机构

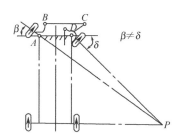

图 2-10　汽车前轮转向机构

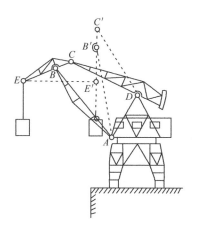

图 2-11　港口起重机机构

2.1.2　平面连杆机构运动设计的基本问题

平面连杆机构设计的主要任务是：根据机构的工作要求和设计条件选定机构形式及确定各构件的尺寸参数。

一般可归纳为以下两类问题。

① 实现给定的运动规律。如要求满足给定的行程速度变化系数以实现预期的急回特性或实现连杆几个预期的位置要求。

② 实现给定的运动轨迹。如要求连杆上的某点具有特定的运动轨迹，如起重机中吊钩的轨迹为一水平直线等。

为了使机构设计得合理、可靠，还应考虑几何条件和传力性能要求等。

设计方法有图解法、解析法和实验法。这三种方法各有特点，图解法和实验法直观、简单，但精度较低，可满足一般设计要求；解析法精确度高，适于用计算机计算，随着计算机的普及，计算机辅助设计连杆机构已成为必然趋势。

2.2　连杆

连杆，用于定义机构中为刚性体的构件。NX 的连杆实质上就是作为运动单元的构件，是指能够满足运动需要的，使用运动副连接在一起的机构元件。机构中所有参与当前运动仿真的部件都必须定义为连杆，在机构运行时固定不动的元件则需要定义为固定连杆。

2.2.1　创建连杆

创建连杆时须选择连杆的几何体，当若干几何体作为一个运动单元进行整体运动时，可以将这些几何体定义为一个连杆，但是同一个几何体不能定义到两个连杆上。

选择【菜单】|【插入】|【链接】命令，或者单击【主页】工具栏中的连杆 🖉 按钮，弹出"连杆"对话框，如图 2-12 所示。在对话框"名称"栏中可以输入所定义连杆的名称。在图形区选择一个或多个几何体来定义连杆对象，被定义过的几何体在下一次定义连杆时将不再高亮显示，即无法定义为另一个连杆。

如果被定义的几何体在机构运动中固定不动，在对话框中的"固定连杆"复选框前打上"√"，此时在创建的连杆上出现固定连杆图标，如图 2-13 所示。运动导航器中将自动创建固定连杆的树状结构，如图 2-14 所示。

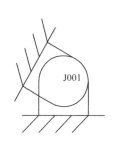

图 2-12　连杆对话框　　　　图 2-13　固定连杆图标　　　　图 2-14　固定连杆的树状结构

2.2.2　连杆属性

1．质量属性

在"连杆"对话框中可设置连杆的质量属性，设置选项如图 2-15 所示。质量属性有"自动"、"无"与"用户定义"三种选项。

自动：连杆将按照系统默认值自动计算以设置质量属性，在多数情况下能够生成精确的运动仿真结果。

无：表示连杆未设置质量属性，则不能进行动力学分析与静力学分析等。

用户定义：表示用户必须人工输入质量属性而否认系统默认值。在"质量和惯性"下拉选项中，通过 ⊞（点构造器）或 ⚡（自动判断点）的功能，选择连杆质心，通过 ⬚（CSYS）或者 ⚡（自动判断坐标系）定义惯性坐标系，然后定义对话框中的质量值、质量惯性矩 Ixx、Iyy 和 Izz（单位为 $kg \cdot m^2$）、质量惯性矩积为 Ixy、Ixz 和 Iyz（单位为 m^4 或 in^4）。连杆质量惯性矩恒为正值，质量惯性矩积为任意值。

2．初始速度选项

"初始速度"选项分为"初始平动速率"和"初始转动速度"，如图 2-16 所示。通过选择矢量来定义初始速度的方向，在对话框中输入初始速度的数值（单位默认为 mm/s）。两项为可选项，可以不设定。

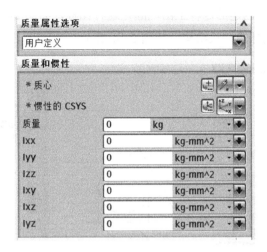

图 2-15　质量属性选项对话框

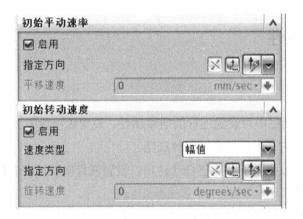

图 2-16　连杆初始速度设置选项

3．材料属性

材料属性直接决定了连杆质量和惯性矩，NX9.0 的材料功能可以将材料库中的材料属性赋予机构中的连杆，并且支持用户自定义材料属性。在用户未指定连杆的材料属性时，系统默认连杆的密度为 $7.83 \times 10^{-6} \text{kg/mm}^3$。

选择【菜单】|【工具】|【材料】|【指派材料】命令，弹出"指派材料"对话框，如图 2-17 所示。对话框中"材料"下拉选项中显示能够添加到几何体的材料名称，如图 2-18 所示，选中某种材料，单击左下角的 ⅰ（信息）按钮，系统将以文本形式显示该材料的详细信息，如图 2-19 所示。

选择需要施加材料属性的几何体，然后在"材料"下拉选项中选择材料类别，单击"确定"按钮，即把材料属性添加到几何体上。

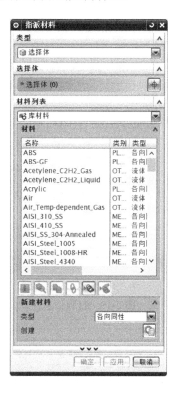

图 2-17　指派材料对话框

材料					
名称	类别	类型	标签	库	
ABS	PL...	各向同性		physicalmateriallibrary.xml	∧
ABS-GF	PL...	各向同性		physicalmateriallibrary.xml	
Acetylene_C2H2_Gas	OT...	流体		physicalmateriallibrary.xml	
Acetylene_C2H2_Liquid	OT...	流体		physicalmateriallibrary.xml	
Acrylic	PL...	各向同性		physicalmateriallibrary.xml	
Air	OT...	流体		physicalmateriallibrary.xml	
Air_Temp-dependent_Gas	OT...	流体		physicalmateriallibrary.xml	
AISI_310_SS	ME...	各向同性		physicalmateriallibrary.xml	
AISI_410_SS	ME...	各向同性		physicalmateriallibrary.xml	
AISI_SS_304-Annealed	ME...	各向同性		physicalmateriallibrary.xml	
AISI_Steel_1005	ME...	各向同性		physicalmateriallibrary.xml	
AISI_Steel_1008-HR	ME...	各向同性		physicalmateriallibrary.xml	
AISI_Steel_4340	ME...	各向同性		physicalmateriallibrary.xml	
AISI_Steel_Maraging	ME...	各向同性		physicalmateriallibrary.xml	∨

图 2-18　材料库选项

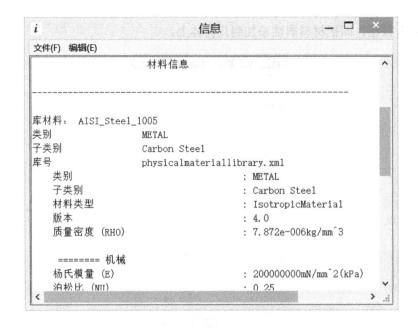

图 2-19 材料信息

2.3 运动副

2.3.1 运动副的定义

每一个无约束的三维空间连杆具有 6 个自由度，分别是沿 X 轴方向移动、沿 Y 轴方向移动、沿 Z 轴方向移动、绕 X 轴方向转动、绕 Y 轴方向转动和绕 Z 轴方向转动。运动副的作用是限制连杆无用的运动，允许系统需要的运动。对连杆创建的运动副会约束连杆的一个或几个自由度，使得由连杆构成的运动链具有确定的运动。

2.3.2 运动副的类型

NX 运动仿真模块提供的运动副类型共有 14 种，表 2-1 为运动副的类型以及每种运动副约束的自由度数目。

表 2-1　运动副与约束的自由度数目

运动副类型	符号	所约束的自由度数目	运动副类型	符号	所约束的自由度数目
旋转副		5	齿轮副		1
滑动副		5	齿轮齿条副		1
柱面副		4	线缆副		1
螺旋副		5	点在线上副		2
万向节		4	线在线上副		2
球坐标系		3	点在面上副		1
平面副		3	固定副		6

2.3.3　Gruebler 数与自由度

Gruebler 数表示机构中总的自由度（DOF）数目的近似值。当一个运动副创建完毕，Gruebler 数会出现在界面的提示栏中。

设机构中有 n 个活动构件，其中主动构件有 x 个，运动副约束的自由度为 y 个，则机构 Gruebler 数的计算公式为：Gruebler 数=$(n \times 6) - x - y$。

Gruebler 数不能完整考虑机构运动的实际情况，因此 Gruebler 数为近似值。当解算器计算的机构实际总自由度（DOF）与 Gruebler 数不同时，解算器会产生自由度错误的信息，此时应以解算器计算的自由度为准。

当机构的总自由度大于 0 时，表明机构欠约束。欠约束的机构具有某些自由的运动，可以进行逼近真实的动力学分析。

当机构的总自由度等于 0 时，表明机构为全约束。运动学分析环境下的仿真需要建立全约束机构，即由合适的运动副约束与运动驱动构成理想的运动机构。

当机构的总自由度小于 0 时，表面机构中存在多余的运动约束（过约束），在仿真求解的时候可能会出现错误提示。

2.3.4　旋转副

旋转副（Revolute Joint）通过销轴连接两个连杆并为其提供绕 z 轴旋转的自由度，不允许连杆之间的任何相对移动，如图 2-20 所示。

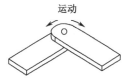

图 2-20　旋转副的运动特征

建立旋转副的步骤如下。

（1）选择【菜单】|【插入】|【运动副】命令，或者单击【主页】工具栏中的 （运动副）按钮，弹出如图 2-21 所示的"运动副"对话框，在"类型"选项中选择 旋转副。

（2）定义第一连杆。用鼠标在绘图区分别选择构成旋转副的第一连杆、第一连杆的旋转副原点和旋转矢量方向。其中原点为所选圆的圆心，方位为 z 轴方向（即图中箭头方向），通过单击切换方向按钮可以选择 z 轴的反方向，如图 2-22 所示。定义第一连杆要素时存在技巧，若选择第一连杆中构成旋转副的圆或圆弧，便一次性定义了"操作"栏中的"选择连杆"、"指定原点"和"指定方位"三个要素。

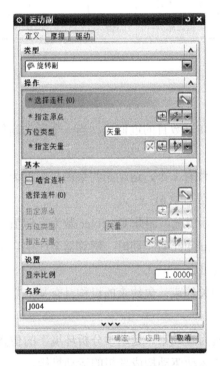

图 2-21　运动副对话框

图 2-22　选择第一连杆、指定原点和方位

（3）定义第二连杆。单击"运动副"中"基本"栏中的"选择连杆"，然后在绘图区中选择第二连杆的任意位置，不需要指定第二连杆的原点和方位即可完成定义第二连杆，如图 2-23 所示。单击"确定"按钮，即可建立两连杆间的旋转副，该符号如图 2-24 所示。

当装配模型中两连杆的位置关系不满足旋转副要求时，选择"咬合连杆"即可将两连杆咬合至准确的旋转副位置。此时定义第二连杆时需要分别定义"选择连杆"、"指定原点"和"指定方位"选项。

（4）若定义第一连杆而不定义第二连杆，则第一连杆与地面连接形成旋转副，接地旋转副的符号如图 2-25 所示。

 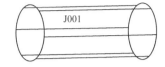

图 2-23 选择第二连杆   图 2-24 两连杆之间的旋转副符号   图 2-25 接地旋转副符号

2.3.5 滑动副

滑动副（Slider Joint）连接两个连杆并为其提供沿 x 轴方向相对平移的自由度，不允许两个连杆的任何转动以及在 y 轴与 z 轴方向的任何移动，如图 2-26 所示。

建立滑动副的步骤如下。

（1）选择【菜单】|【插入】|【运动副】命令，或者单击【主页】工具栏中的 ⊩（运动副）按钮，弹出如图 2-21 所示的"运动副"对话框。在"类型"选项中选择 ⬛ 滑动副。

（2）定义第一连杆。用鼠标在绘图区选择第一连杆上构成滑动副的一条边线，如图 2-27 所示。

此时完成定义第一连杆、滑动副原点和滑动矢量方向（图中箭头方向)，通过单击 ⬛ 按钮，可以选择反方向。

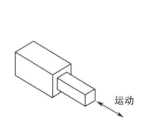 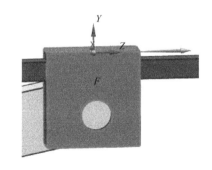

图 2-26 滑动副的运动特征   图 2-27 建立滑动副

（3）定义第二连杆。单击"运动副"中"基本"栏中的"选择连杆"，然后在绘图区中选择第二连杆的任意位置，不需要指定第二连杆的原点和方位即可完成定义第二连杆。单击"确定"按钮，即可建立两连杆间的滑动副，符号如图 2-28 所示。

第二连杆为可选项，如果只定义第一连杆，则连杆与地面连接形成滑动副，接地滑动副的符号如图 2-29 所示。

图 2-28　滑动副符号　　　　　图 2-29　接地滑动副符号

2.4　运动驱动

运动驱动（Motion Drive）是对运动副进行驱动参数的设置，即设置运动机构的原动件。在一个求解方案中，任意一个运动副只能定义一个运动驱动。

在运动导航器中，双击需要定义驱动的运动副（如旋转副），弹出"运动副"对话框。选择"驱动"选项，如图 2-30 所示，可选择的运动类型分别为"无"、"恒定"、"简谐"、"函数"和"铰接运动"五类。本章先介绍恒定的运动驱动。

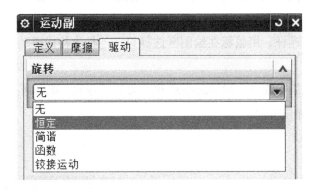

图 2-30　运动驱动

恒定运动驱动，设置运动副为恒定的旋转或平移运动，此类运动驱动需要设定的参数为初始位移、初始速度和加速度，如图 2-31 所示。

"初始位移"选项定义运动副在运动起始时的初始位置，若初始位移值不为零，机构在仿真解算前咬合到指定的初始位置。在旋转副的运动驱动中，位移的单位为度（°）或者弧度（rad），在滑动副的运动驱动中，位移的单位为毫米（mm）。

"初始速度"选项定义运动副在运动起始时的初始速度。对于旋转副的运动驱动，速度的单位为"°/s"或者"rad/s"，在滑动副的运动驱动中，速度的单位为 mm/s。

"加速度"选项定义运动副在运动起始时的初始加速度。若初始加速度为 0，表示运动副做匀速运动。对于旋转副的运动驱动，加速度的单位为"°/s^2"或"rad/s^2"，在滑动副的运动驱动中，加速度的单位为 "mm/s^2"。旋转副与滑动副的运动驱动符号如图 2-32 所示。

图 2-31　恒定驱动参数

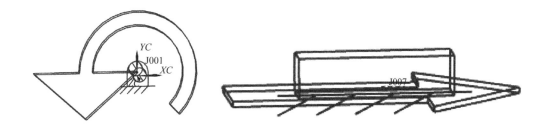

图 2-32　旋转副、滑动副驱动符号

2.5　仿真解算与结果输出

2.5.1　解算

　　连杆、运动副、运动驱动建立后，在运动导航器中右击仿真文件名，选择 "新建结算方案"，弹出如图 2-33 所示的 "解算方案" 对话框。对解算方案的各类参数进行设定后，单击 "确定" 按钮，即可建立一组解算方案，此时在运动导航器窗口中生成解算方案的树状结构，常用的参数设置如下。

解算方案类型：其中有 3 种选择，"常规驱动"适用于常规的运动学、动力学以及静力平衡的解算；"铰接运动"适用于驱动类型为"铰接运动"的解算；"电子表格驱动"适用于通过电子表格功能驱动机构的运动解算。

分析类型：一般选择"运动学/动力学"。

时间：表示机构运动的总时间，单位为秒（s）。

步数：表示在设定的时间内机构运动的总步数。

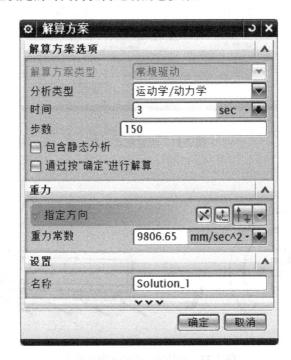

图 2-33　"解算方案"对话框

单击运动工具栏中的"求解"📊按钮，系统开始求解运算。当进度显示为"100%"时，表示运算完毕，系统弹出"求解信息"对话框，其中显示模型仿真的求解日期、保存路径、自由度的处理等信息。此时在运动导航器中生成 Results 树状结构。

2.5.2　动画的播放及输出

单击【主页】工具栏中的"动画"🐾按钮，弹出"动画"对话框，如图 2-34 所示，主要参数及其设置如下。

滑动模式：有 2 个选项，"时间"表示动画播放进度条以时间为进度单位；"步数"表示动画进度条以步数为进度单位。

封装选项：对机构运动进行测量、追踪以及干涉检查，属于仿真结果的后处理。

得到机构运动的动画后，还可以创建动画文件，运用第三方软件播放，可以生成的动画格式有 MPEG、MPEG2、GIF 等。鼠标右击运动导航器中的运动仿真文件，选择"导出"选项，选择需要导出的文件格式，单击"指定文件名"按钮，可以定义动画文件的文件名及保存路径，单击"预览动画"按钮，可以通过弹出的预览对话框观看输出文件的预览动画，单击"确定"按钮，在指定目录下生成动画文件。

图 2-34　"动画"对话框

2.5.3　图表功能

通过图表和电子表格功能可以得到机构中各构件的位移、速度、加速度、接触力等运动数据。

在运动导航器中，鼠标右击"结果"树状结构中的"XY-作图"，弹出"图表"对话框如图 2-35 所示。对话框各个选项的功能如下。

（1）选择对象：在"选择对象"列表中选择运动机构中的运动副、连接器或标记等对象，也可以通过鼠标在绘图区或者运动导航器中直接选择。

（2）请求：下拉列表中包含"位移"、"速度"、"加速度"、"力"等选项，用户在其中选择需要创建的运动规律类型。

（3）分量：下拉列表中包含"幅值"、"X"、"Y"、"Z""角度幅值"、"欧拉角度"等选项。"X"、"Y"、"Z"表示某运动参数在动坐标系 X，Y，Z 轴上的线性分量值；"幅值"表示合值；"角度幅值"表示旋转角度的合值；"欧拉角度"表示动坐标系绕固定坐标系 X、Y、Z 轴转动的角度，包括"欧拉角度 1"、"欧拉角度 2"和"欧拉角度 3"。

图 2-35 "图表"对话框

（4）相对、绝对：定义绘制图表的数据为相对坐标系、绝对坐标系中的数值。

（5）运动函数：显示机构中运动副所定义的运动驱动函数。

（6）Y 轴定义：即图表中的 Y 轴变量。在"选择对象"栏中选择运动副或连接器，在"请求"和"分量"栏中进行定义之后，选择 ➕（添加），即可将运动请求加入"Y 轴定义"列表中。若选择多个运动副或连接器进行图表绘制，将在同一图表中绘制出各自的运动曲线，各曲线会以不同的颜色和线形显示出来。选中"Y 轴定义"列表的运动请求项目，再选择 ➖（删除）命令，即可将此项目删除。

（7）X 轴定义：即图表中 X 轴的变量，默认变量为时间变量，单位为秒（s）。

（8）设置：包括"NX"和"电子表格"两类图表选项。"NX"为系统内置图表功能，表示将运动曲线绘制在 NX 的绘图区域；"电子表格"表示将运动曲线绘制在外链接电子表格中，默认为 Microsoft Excel 表格。Excel 表格能够显示每一步的运动数据与运动曲线。

（9）保存：选中"保存"复选框，可以将运动数据与曲线以 AFU 格式文件存储在用户指定的文件夹中。通过"XY 函数编辑器"可以定义 AFU 文件为函数驱动，并且对 AFU 文件进行编辑操作。

2.6　平面连杆机构运动学分析

2.6.1　分析要求

如图 2-36 所示平面机构中，主动件 OA 杆的角速度 $\omega_0 = 10\text{rad/s}$，角加速度为 $\alpha_0 = 5\text{rad/s}^2$，$OA=0.2\text{m}$，$O_1B=1$，$AB=1.2\text{m}$，$BC=1\text{m}$。图示瞬时，杆 OA 与杆 O_1B 均处于垂直位置，求此时杆 AB 的角速度、角加速度和点 B 的速度、加速度。

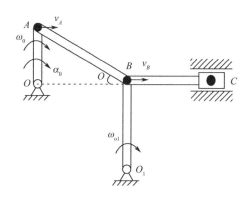

图 2-36　平面机构图

2.6.2　平面机构数字化模型的建立

该类问题属于运动学仿真，在建立数字化模型时可以不考虑质量，为了提高模型建立的速度，可以不必建立实体模型，使用 NX/Modeling 模块的草图（Sketch）功能建立该机构的二维数字化模型即可。

进入草图功能，按照设计要求中所给的尺寸画出草图并完全约束，得二维数字化模型，如图 2-37 所示。

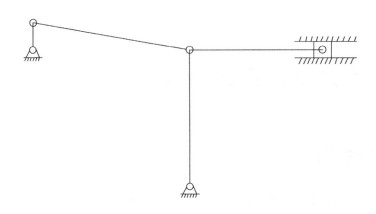

图 2-37　机构二维数字化模型图

2.6.3　运动分析方案的建立

进入 NX 运动仿真模块后，首先新建一个运动分析方案，然后才可以进行后续的工作。设置运动分析解算环境为"运动学"（默认的是"动力学"），根据已知条件：原动件的速度单位是弧度，而 NX 默认单位为度，在"运动"参数的预设置中要将其改为弧度。

针对该机构模型的特点，需要对其定义 5 个连杆，其命名与图 2-38 中一致，分别为连杆 OA、AB、BC、O_1B，滑块 C，如图 2-38 所示。

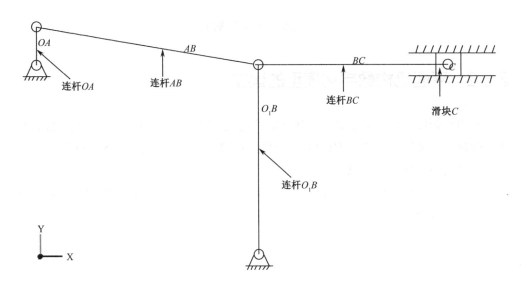

图 2-38　平面机构连杆定义图

在了解该机构运动特点的基础上，很容易判断连杆之间需要的运动副类型，这里只涉及转动副和移动副，在上述定义连杆基础上，定义了 J001—J008 运动副。

运动驱动是赋在运动副上控制运动的运动副参数，可以根据需要对运动副施加恒定的运动驱动、具有一定复杂数学函数的运动驱动等。该机构中的原动件杆 OA 运动规律是常数 $\omega_0 = 10\,\text{rad/s}$，$\alpha_0 = 5\,\text{rad/s}^2$，所以需要在转动副 J001 上施加恒定的运动驱动，角速度为 10，角加速度为 5，单位为系统默认和题中一致。结果如图 2-39 所示。

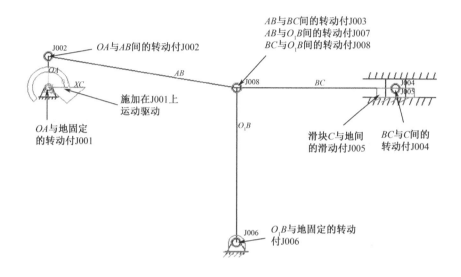

图 2-39　机构运动分析模型

2.6.4　运动方案分析

在建立了正确的运动分析方案后，首先要对机构进行运动仿真，然后才可以以多种方式输出分析的计算结果，如曲线图电子表格以及 MPEG、Animated GIF 文件等。

在上述分析要求中，往往需要分析机构中某部件在一特殊位置时所具有的运动特性，那么，获得这一运动特性的关键技术就在于进行运动仿真时对于时间和相应步数的设置。为了更容易从电子表格或曲线图中提取需要的正确结论，必须合理地设置仿真的时间及相应的步数。最有效的办法就是使设置的仿真时间和步数与原动件走过的位移有一定的比例关系，这样就可以在曲线图或电子表格中快而准地提取特殊位置的运动特性，从而提高机构分析的效率。

在机构运动分析模型中，时间设置为 $t = 360 * pi / (10 * 180)$ 秒（1 次工作循环），步数为 360 步，即连杆 OA 每转 1 度，分析模型的运动状况。

如图 2-40 所示，为平面机构运动过程中的截图。

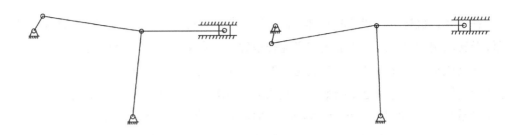

图 2-40 平面机构运动截图

利用运动分析的图表（Graphing）功能可以获得机构任意部件的位移、速度、加速度等信息，其结果有电子表格或曲线图两种显示方式。在该案例中，要求获取杆 AB 的角速度、角加速度和点 B 的速度、加速度。

对于点 B 的速度和加速度，在 B 点处添加标记点 A001（如图 2-41 所示），在 NX 图表（Graph）对话框中添加的对象是标记点 A001，纵坐标分别是速度和加速度，横坐标是时间 time，获得标记点 A001 在运动过程中速度和加速度的运动规律，分别如表 2-2、表 2-3 和图 2-42、图 2-43 所示。

对于杆 AB 的角速度和角角速度，在 NX 图表（Graph）对话框中添加的对象是转动副 J003，纵坐标分别是角速度和角加速度，横坐标是时间 time，获得 J003 在运动过程中角速度和角加速度的规律，分别如表 2-4、表 2-5 和图 2-44、图 2-45 所示。

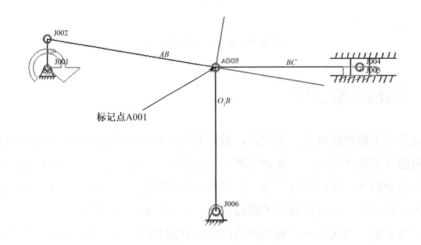

图 2-41 标记点 A001

表 2-2 点 B 速度规律

step	time（s）	A001_MAG, Velocity(abs)(mm/s)
0	0.000	2000.001
1	0.002	2006.184

续表

step	time（s）	A001_MAG, Velocity(abs)(mm/s)
2	0.004	2012.308
...	...	...
31	0.054	1893.141
32	0.056	1877.170
...	...	...
191	0.333	1906.097
192	0.335	1884.033
...	...	...
360	0.628	1676.196

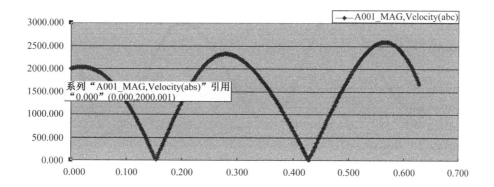

图 2-42　点 B 的速度规律

表 2-3　点 B 的加速度规律（切向和法向）

step	time（s）	A001_X, Velocity(abs) (mm/s²)	step	time（s）	A001_Y, Velocity(abs) (mm/s²)
0	0.000	3710.127	0	0.000	-4000.002
1	0.002	3361.314	1	0.002	-4036.552
2	0.004	2972.994	2	0.004	-4071.355
...	...	...	...	...	...
31	0.054	-8430.150	31	0.054	-2689.279
32	0.056	-8887.863	32	0.056	-2547.840
...	...	...	...	...	...
191	0.333	14165.421	191	0.333	-2413.709
192	0.335	14449.838	192	0.335	-2262.595
...	...	...	...	...	...
360	0.628	-28959.296	360	0.628	2354.634

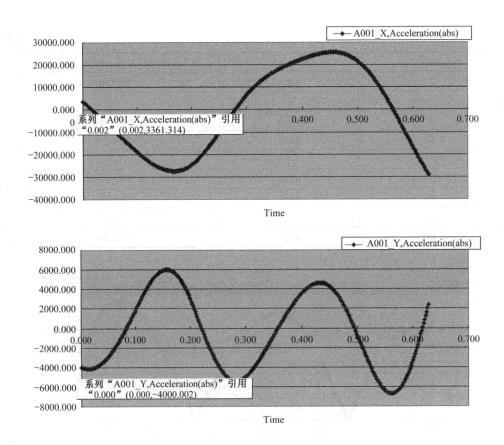

图 2-43　点 B 的加速度规律（切向和法向）

表 2-4　杆 AB 的角速度规律

step	time（s）	A003_X, Velocity（abs）（mm/s²）
0	0.000	0.000
1	0.002	0.024
2	0.004	0.050
…	…	…
31	0.054	0.730
32	0.056	0.755
…	…	…
191	0.333	1.033
192	0.335	1.068
…	…	…
360	0.628	1.589

表 2-5   杆 *AB* 的角加速度规律

step	time（s）	A003_Y, Velocity（abs）（mm/s²）
0	0.000	13.523
1	0.002	13.534
2	0.004	13.544
...	...	...
31	0.089	12.267
32	0.091	12.178
...	...	...
191	0.333	22.685
192	0.335	22.390
...	...	...
360	0.628	18.360

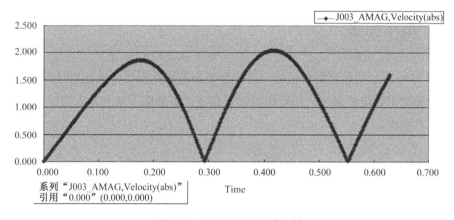

图 2-44   杆 *AB* 的角速度规律

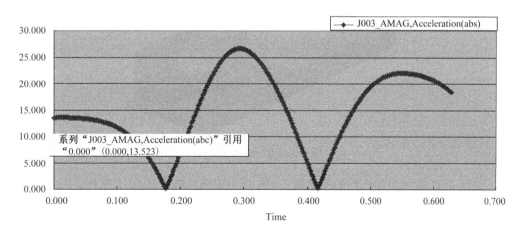

图 2-45   杆 *AB* 的角加速度规律

2.6.5　运动结果分析

由分析要求可知，求图中瞬时，杆 *AB* 的角速度、角加速度和点 *B* 的速度、加速度，也就是上述仿真结果的第一步，*t*=0 时的各个结果。

通过比较可以判断，利用 NX 运动分析模块进行分析得到的结论与理论计算的结论一致，而且还可以得到任何时刻（任何角度），平面连杆机构中任何部位的运动特性。

2.7　砂箱翻转机构的设计及仿真

2.7.1　设计要求

如图 2-46 所示的砂箱翻转机构，为外形复杂的铸件采用分模造型时所用的机构。在上下砂箱中用砂填充完毕，翻箱起模时要保证上下砂箱不能有较大错位，该机构为一个双摇杆机构。

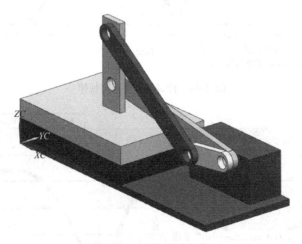

图 2-46　砂箱翻转机构

如图 2-47 所示为该机构的示意图，*ABCD* 为双摇杆机构，*AB* 为摇杆 1，*CD* 为摇杆 2，*CB* 为连杆，*AD* 为机架。上砂箱 3 与连杆固接，下砂箱 4 静止不动。

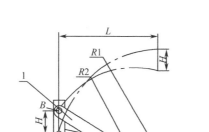

1、2—摇杆；3—上砂箱；4—下砂箱；5—机架

图 2-47　砂箱翻箱机构示意图

2.7.2　平面机构数字化设计及模型的建立

在图 2-47 中已经给出已知条件：BC 的长度为 H、两个工位的位置及距离、机架 AD 所在的位置线，进入 NX 草图，利用图解法，在草图中选取一定的比例尺，作图步骤如下。

（1）在给定位置分别作出 $B1C1$、$B2C2$。

（2）作 $B1B2$ 的中垂线 $b12$、$C1C2$ 的中垂线 $c12$。

（3）按给定机架位置作 AD 所在的位置线，与 $b12$、$c12$ 分别得交点 A、D。

（4）连接 AB 和 CD，即得到各构件的长度，如图 2-48 所示。

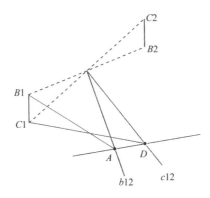

图 2-48　作图法设计砂箱翻转机构

以该草图尺寸及位置为基础，在 NX 建模模块中设计出各构件的外形并装配，如图 2-49 所示为其数字化模型。

图 2-49　砂箱翻转机构数字化模型

2.7.3　建立运动方案并分析

进入 NX 运动分析功能模块，建立连杆、运动副及运动驱动，构建如图 2-50 所示运动方案，进行机构运动仿真，并观测动画跟踪整个机构的位置，如图 2-52 所示。

图 2-50　运动方案

图 2-51　解算方案

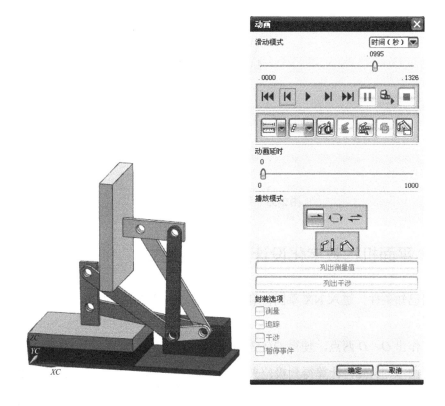

图 2-52　动画结果及机构位置追踪

2.8 牛头刨床机构的设计及仿真

2.8.1 设计要求

牛头刨床是一种用于平面切削加工的机床。其摆动导杆机构简图如图 2-53 所示。当曲柄 *OA* 顺时针旋转，经过套筒 *A*、导杆 *BD*、连杆 *BC* 带动刨头（简化为套筒 C）在机架 *EF* 上往复移动。刨头向右运动时为工作行程，切削金属，速度较低；向左运动时为空回行程，具有较高速度，实现快速返回。

设计数据如下：

已知，曲柄 *OA* 的转速 *n*=50r/min。各机构尺寸：机架 *OD*=350mm，*BD*=520mm，*BC*=120mm，*EF*=550mm，*DG*=159mm，行程速比系数 K=1.452，试设计此机构。

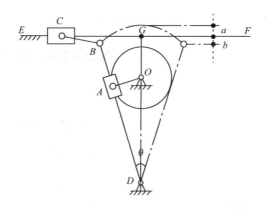

图 2-53　牛头刨床机构示意图

2.8.2 平面机构数字化设计及模型的建立

根据已知条件，进入 NX 草图，利用图解法，在草图中选取 1:1 的比例尺，作图步骤如下。

（1）作出 O、D 两点，使得 *OD*=350mm。

（2）由 K=1.452，计算得到极位夹角 $\theta = 180° \dfrac{K-1}{K+1} = 33.2°$，过 D 点作直线 *DB*，使得 *DB*=520mm，使之与直线 *OD* 的夹角为 $\dfrac{\theta}{2} = 16.6°$。过 O 点作直线 *OA* 的垂线并交

BD 于 A 点；由作图可知，OA=100mm。

（3）根据 DG 尺寸作出机架 EF。

（4）以 B 点为圆心，BC 长度为半径作圆弧与 EF 交于 C 点，画出套筒 C。

以该草图尺寸，在 NX 建模模块中设计出各构件的外形并装配，如图 2-54 为其数字化模型。

图 2-54　牛头刨床机构数字化模型

2.8.3　建立运动方案并分析

进入 NX 运动分析功能模块，建立连杆、运动副及运动驱动，构建如图 2-55、图 2-56 所示运动方案，进行机构运动仿真，并观测动画跟踪整个机构的位置，如图 2-57 所示。通过仿真，还可以导出刨头的位置、速度、加速度曲线，如图 2-58 所示。

图 2-55　运动方案

图 2-55　运动方案（续）

图 2-56　解算方案

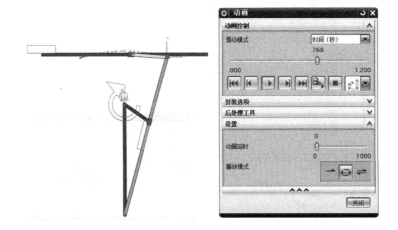

图 2-57　动画结果及机构位置

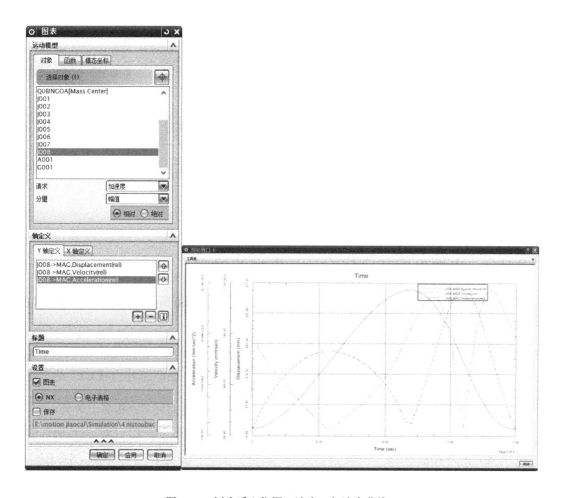

图 2-58　刨头质心位置、速度、加速度曲线

2.9　曲柄滑块机构的设计及仿真

2.9.1　设计要求

设计数据如下：

已知曲柄滑坡机构的滑块行程 S=100mm，偏距 e=10mm，如图 2-59 所示，行程速比系数 K =1.5，试设计此机构。

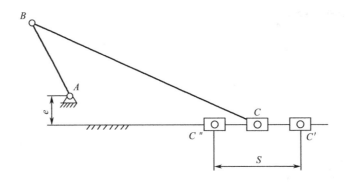

图 2-59　曲柄滑块机构示意图

2.9.2　平面机构数字化设计及模型的建立

根据已知条件，进入 NX 草图，利用图解法，如图 2-60 所示，在草图中选取 1:1 的比例尺，作图步骤如下。

（1）作出 $C'P$、C'' 两点，使得 $C'C''=S=100\text{mm}$。

（2）由 K=1.5，计算得极位夹角 $\theta=180°\dfrac{K-1}{K+1}=36°$，过 C' 点作直线 $C'C''$ 的垂线 $C'P$，过 C'' 点作与直线 $C'C''$ 夹角为 $90°-\theta=54°$ 的直线，与直线 $C'P$ 相交于 P 点。

（3）作与直线 $C'C''$ 距离为 10mm 的等距线，该直线与过 P、C'、C'' 三点所作的圆相交于 A 点。

（4）通过查询两点的距离可得 $AC'=111.9\text{mm}$，　$AC''=15.2\text{mm}$。

（5）计算得出 $AB=\dfrac{1}{2}(AC'-AC'')=48.35\text{mm}$，$BC=\dfrac{1}{2}(AC'+AC'')=63.55\text{mm}$。

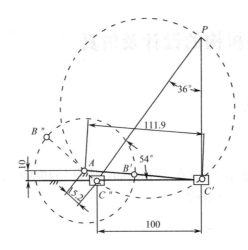

图 2-60　草图中图解法求解

根据上述求解尺寸，在 NX 建模模块中设计出
各构件的外形并装配，如图 2-61 为其数字化模型。

2.9.3　建立运动方案并分析

进入 NX 运动分析功能模块，建立连杆、运动
副及运动驱动，构建如图 2-62、图 2-63 所示运动方
案、解算方案，进行机构运动仿真，并观测动画，
跟踪整个机构的位置。

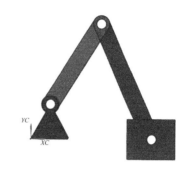

图 2-61　曲柄滑块机构数字化模型

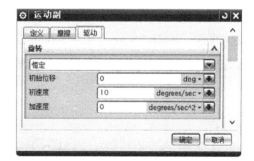

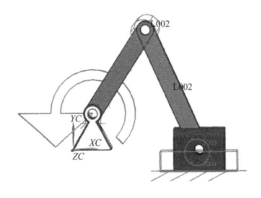

图 2-62　运动方案

图 2-63　解算方案

思考题

1. 如图 2-64 所示平面连杆机构，杆长 AB=100mm，BC=300mm，CD=250mm，BE=300mm，AD=250mm，EF=300mm，H=350mm，角度∠CBE=30°，曲柄 AB 以角速度 10rad/s 递时针转动，求滑块 F 点的位移、速度和加速度。

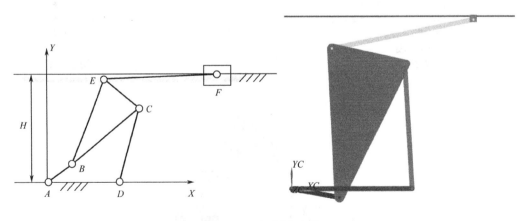

图 2-64　平面连杆机构

2. 设计如图 2-65 所示的铰链四杆机构作为加热炉炉门的启闭机构。已知炉门上两活动铰链的中心距为 BC=50mm，炉门打开后成水平位置时，要求炉门温度较低的一面朝上（如虚线所示），已知图示炉门开关过程中的三个位置，请设计该机构的数字化模型并进行运动仿真。

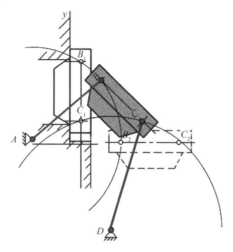

图 2-65 炉门启闭四杆机构

3. 设计如图 2-66 所示的颚式破碎机机构，当曲柄 *AB* 逆时针旋转时，带动连杆 *BC*，从而推动摇杆 *CD*（动颚）在机架上摆动，实现破碎和卸料。摇杆 *CD* 向左运动时为工作行程，破碎石料，速度较低；向右运动时为空行程，具有较高的速度，实现快速返回。

设计数据：各杆长度分别为 L_{AB}=80mm，L_{BC}=310mm，L_{CD}=300mm。

要求：设计数字化模型并仿真运动，分析动颚的摆角、速度、加速度，获得机构的行程速比系数。

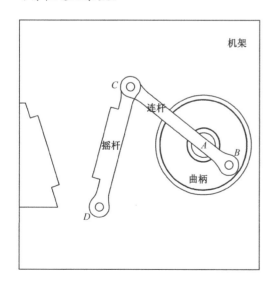
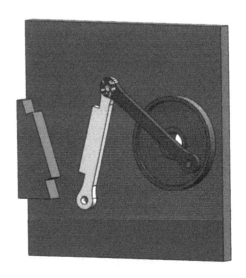

图 2-66 颚式破碎机机构

第 3 章

凸轮机构数字化设计与仿真

3.1 凸轮机构简介

3.1.1 凸轮机构的组成

凸轮是一个具有曲线轮廓或凹槽的构件，当它运动时，通过其上的曲线轮廓或凹槽与从动件的高副接触，使从动件获得预期的运动。凸轮机构是由凸轮、从动件、机架组成的高副机构。

3.1.2 凸轮机构的分类

1．按凸轮的形状分

（1）盘形凸轮。盘形凸轮机构简单，应用广泛，但限于凸轮径向尺寸不能变化太大，故从动件的行程较短，如图 3-1 所示。

（2）移动凸轮。其凸轮是具有曲线轮廓、作往复直线移动的构件，可看成是转动轴线位于无穷远处的盘形凸轮，如图 3-2 所示。

（3）圆柱凸轮。其凸轮是圆柱面上开有凹槽的圆柱体，可看成是绕卷在圆柱体上的移动凸轮，利用它可使从动件得到较大的行程，如图 3-3 所示。

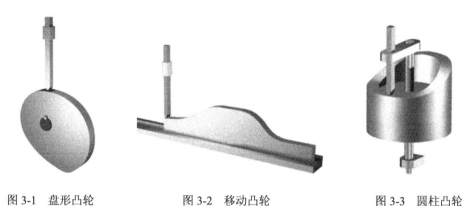

图 3-1　盘形凸轮　　　　　图 3-2　移动凸轮　　　　　图 3-3　圆柱凸轮

2．按从动件末端形状分

（1）尖顶从动件凸轮机构。它可实现预期的运动规律，但从动件尖顶易磨损，故只能用于轻载低速场合，如图 3-4 所示。

（2）滚子从动件凸轮机构。其磨损显著减少，能承受较大载荷，应用较广。但端部重量较大，又不易润滑，故仍不宜用于高速，只能用于中低速，如图 3-5 所示。

（3）平底从动件凸轮机构。若不计摩擦，凸轮对从动件的作用力始终垂直于平底，传力性能良好，且凸轮与平底接触面间易形成润滑油膜，摩擦磨损小、效率高，故可用于高速，缺点是不能用于凸轮轮廓有内凹的情况，如图 3-6 所示。

图 3-4　尖顶从动件　　　　图 3-5　滚子从动件　　　　图 3-6　平底从动件

3．按锁合方式分

（1）力锁合凸轮机构。依靠重力、弹簧力或其他外力来保证锁合，如图 3-7 所示。

（2）形锁合凸轮机构。依靠凸轮和从动件几何形状来锁合，如图 3-8 所示。

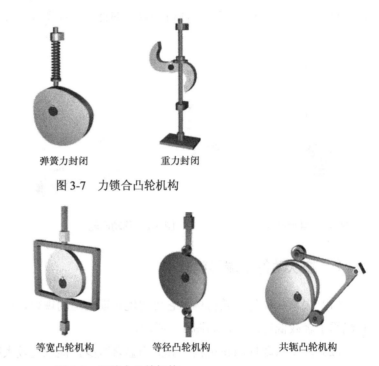

弹簧力封闭　　　　　　重力封闭

图 3-7　力锁合凸轮机构

凹槽凸轮机构　　　等宽凸轮机构　　　等径凸轮机构　　　共轭凸轮机构

图 3-8　形锁合凸轮机构

4．按从动件相对机架的运动方式分

按照从动件的运动形式分为移动从动件和摆动从动件凸轮机构，如图 3-9、图 3-10 所示。

图 3-9　移动从动件　　　　　　　　图 3-10　摆动从动件

3.1.3　从动件常用运动规律

在凸轮廓线的推动下，从动件的位移、速度、加速度、跃度（加速度对时间的导数）随时间变化的规律，常以图线表示，又称为从动件运动曲线。在工程实际中经常用到的运动规律，它们具有不同的运动和动力特性。表 3-1 为几种常用运动规律的运动线图和特点。

表 3-1　常用运动规律的运动线图和特点

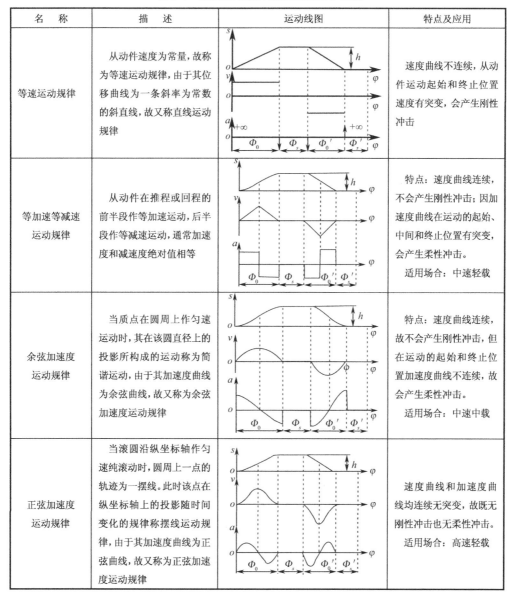

名　称	描　述	运动线图	特点及应用
等速运动规律	从动件速度为常量，故称为等速运动规律，由于其位移曲线为一条斜率为常数的斜直线，故又称直线运动规律		速度曲线不连续，从动件运动起始和终止位置速度有突变，会产生刚性冲击
等加速等减速运动规律	从动件在推程或回程的前半段作等加速运动，后半段作等减速运动，通常加速度和减速度绝对值相等		特点：速度曲线连续，不会产生刚性冲击；因加速度曲线在运动的起始、中间和终止位置有突变，会产生柔性冲击。 适用场合：中速轻载
余弦加速度运动规律	当质点在圆周上作匀速运动时，其在该圆直径上的投影所构成的运动称为简谐运动，由于其加速度曲线为余弦曲线，故又称为余弦加速度运动规律		特点：速度曲线连续，故不会产生刚性冲击，但在运动的起始和终止位置加速度曲线不连续，故会产生柔性冲击。 适用场合：中速中载
正弦加速度运动规律	当滚圆沿纵坐标轴作匀速纯滚动时，圆周上一点的轨迹为一摆线。此时该点在纵坐标轴上的投影随时间变化的规律称摆线运动规律，由于其加速度曲线为正弦曲线，故又称为正弦加速度运动规律		速度曲线和加速度曲线均连续无突变，故既无刚性冲击也无柔性冲击。 适用场合：高速轻载

续表

名　称	描　述	运动线图	特点及应用
3—4—5 次多项式运动规律	其位移方程式中多项式剩余项的次数为 3、4、5	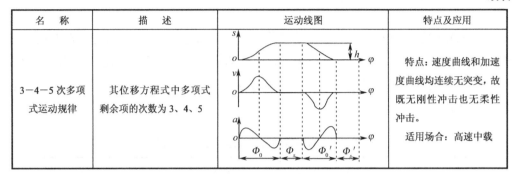	特点：速度曲线和加速度曲线均连续无突变，故既无刚性冲击也无柔性冲击。 适用场合：高速中载

3.2　凸轮机构数字化设计

3.2.1　凸轮机构设计的主要问题

（1）根据实用场合和工作要求，选择凸轮机构的类型。

（2）根据工作要求，选择从动件的运动规律。

（3）确定凸轮机构基本尺寸。

（4）设计凸轮轮廓。

（5）进行必要的分析，如静力分析、效率计算。对于高速凸轮机构，有时需进行动力分析。

3.2.2　凸轮机构的计算机辅助设计

凸轮是机械中十分重要的零件，由于其轮廓曲线的复杂性，往往给设计带来不便。利用计算机进行凸轮机构设计，不仅可以大大提高设计速度、设计精度和设计自动化程度，而且可以采用动态仿真技术和三维造型技术，模拟凸轮机构的工作情况，进一步检验凸轮机构数字模型的准确性、装配过程的合理性、作业过程的动态性、运动轨迹的正确性，以及对凸轮机构进行速度分析、受力分析、位移分析等，从而提高产品质量，缩短产品更新换代周期。凸轮机构的计算机辅助设计过程如图 3-11 所示。

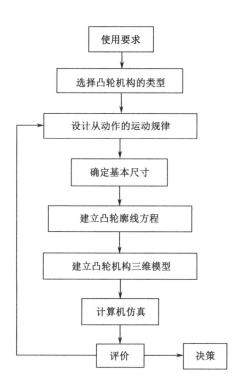

图 3-11　凸轮机构的计算机辅助设计过程

3.2.3　参数化曲线

凸轮的设计关键在于确定其轮廓曲线，常用的方法是图解法和解析法，图解法简单绘图方便，精度不高，随着 CAD 软件的发展，设计者越来越多采用通过参数方程来精确确定凸轮曲线的解析法，下面以一实例介绍参数化曲线的绘制方法。

例 1：在 UG NX 平台上建立正弦曲线 $y=100*\sin(x)$。

1．建立表达式

（1）进入 Modeling 模块，选择"工具"→"表达式"，打开表达式对话框。

（2）在表达式对话框中建立表达式 $t=1$，$a=10$，并建立 xt、yt、zt 与 t 的关系，如图 3-12 所示。

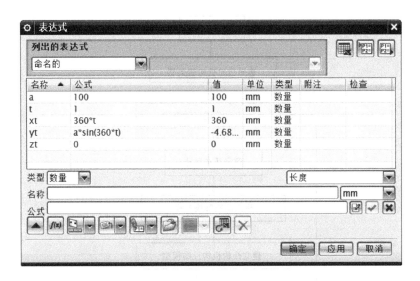

图 3-12　正弦曲线表达式

2．绘制规律曲线

根据已建立的表达式，绘制正弦曲线。选择"插入"→"曲线"→"规律曲线"，打开规律曲线对话框，如图 3-13 所示，在对话框中依次输入 *xt*、*yt*、*zt* 的变化规律，生成正弦曲线，如图 3-14（a）所示。

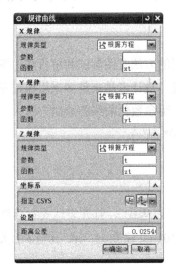

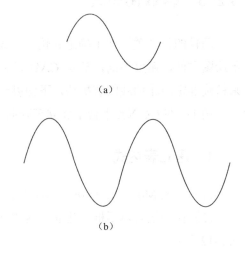

（a）

（b）

图 3-13　规律曲线对话框　　　　　图 3-14　正弦曲线

3．改变幅值 a 的值

a 从 100→150，自变量的变化范围从 0→360°改变为 0→720°，从图 3-14（b）可以看出，正弦曲线随参数变化而变化。

3.3　凸轮机构运动副定义

在 UG NX 平台上，用于定义凸轮机构曲线轮廓或凹槽与从动件的高副接触的运动副主要有：点在线上副、线在线上副。

3.3.1　点在线上副

1．点在线上副

点在线上副（Point on Curve）能够约束一个连杆的点与另一个连杆上的线建立接触。当连杆运动时，定义的点在定义的线上进行运动，两者始终保持接触不允许脱离。

点在线上副有下面 3 种类型。

- 无约束：点和曲线自由移动。
- 固定点：点固定，曲线自由移动。
- 固定曲线：曲线固定、点自由移动。如图 3-15 所示。

点在曲线上　　　点在曲线上　　　点在曲线上
固定点　　　　　固定曲线　　　　无约束
曲线移动　　　　点移动　　　曲线和点均可自由移动

图 3-15　点在线上副符号

2．点在线上副的创建

选择菜单栏中的"插入"→"约束"→"点在线上副"命令，或者单击"运动"工具栏中的 ![icon] （点在线上副）按钮，弹出如图 3-16 所示的"点在线上副"对话框。

根据对话框的提示，分别定义两个连杆上的接触点与接触曲线，单击"确定"按钮即可建立点在线上副。

图 3-16　"点在线上副"对话框

（1）首先，选择识别点（Point），该点会被约束，并保持和曲线接触，该点可以属于连杆或地。

（2）然后选择识别曲线（Curve），定义点要跟随的曲线，该对象可以是连杆或地的一部分。如果在点在线上副中有多于一条的曲线，请先在 NX 建模模块中用 Join Curve（连接曲线）的功能将曲线连接起来，并保证曲线是相切的。

3.3.2　线在线上副

1. 线在线上副

线在线上副，模拟两个连杆之间的常见凸轮运动关系。线在线上副（Curve on Curve）能够模拟两个连杆上的曲线之间进行接触且相切的位置关系。当两个连杆进行运动时，定义的两条曲线保持接触而不允许脱离，同时两条曲线相切。线在线上副不同于点在线上副，点在线上副中，接触点必须位于统一平面中；而在线在线上副中，第一个连杆中的曲线必须和第二个连杆中的曲线保持接触且相切，线在线上副去掉两个自由度。线在线上副（Curve on Curve Joint）的图形表示如图 3-17 所示。

图 3-17　线在线上副

2．线在线上副的创建

选择菜单栏中的"插入"→"约束"→"线在线上副"命令，或者单击"运动"工具栏中的（线在线上副）按钮，弹出如图 3-18 所示的"线在线上副"对话框。根据对话框的提示，分别定义两个连杆上的接触曲线，单击"确定"按钮即可建立线在线上副，具体步骤如下。

图 3-18　"线在线上副"对话框

（1）从 Motion 工具条中单击 Curve on Curve Joint（线在线上副）图标，弹出 Curve on Curve 对话框。选择与第一个连杆相关的平面曲线，即从图形区拾取第一个连杆中的曲线，单击 OK 按钮确认选择。

（2）选择与第二个连杆相关的且与第一条曲线共平面的曲线，即从图形区拾取第二个连杆中的曲线，单击 OK 按钮确认选择。

（3）弹出 Joint Parameters 对话框，可编辑运动副的名字、比例和颜色。

（4）如必要，编辑运动副参数。

（5）单击 OK 按钮，创建线在线上副。

注意：线在线上副不允许有脱离，在整个运动范围中，两根曲线必须保持接触。如果在运动模型中有脱离的情况，请使用二维接触副（2D Contact）的功能。

3.4 对心直动滚子从动件凸轮机构设计

已知从动件的运动规律为：当凸轮转过 $\Phi=60°$ 时，从动件以等加速（等减速）运动规律上升 $h=10mm$；凸轮再转过 $\Phi'=120°$，从动件停止不动；当凸轮再转过 $\Phi=60°$ 时，从动件以等加速（等减速）运动规律下降 $h=10mm$；其余 $\Phi s'=120°$，从动件静止不动。基圆 $r_b=50mm$，滚子半径 $r=10mm$，凸轮厚度 10mm。凸轮以等角速度顺时针转动。在 NX 平台上，建立对心直动滚子从动件凸轮机构的三维模型，并输出从动件运动规律。

3.4.1 凸轮机构主要结构参数及运动规律的确定

直动滚子从动件盘形凸轮的主要结构参数及运动规律如表 3-2 所示。

表 3-2　直动滚子从动件盘形凸轮机构参数及运动规律

基圆半径 r_b	50mm
从动件行程 h	10mm
推程运动角	60°
远休止角	120°
回程运动角	60°
近休止角	120°
推程阶段 前半程等加速 后半程等减速	前半程行程公式： $s=\dfrac{2*h}{\phi^2}\cdot\varphi^2$ 后半程行程公式： $s=h-\dfrac{2*h}{\phi^2}\cdot(\phi-\varphi)^2$
回程阶段 前半程等加速 后半程等减速	前半程行程公式： $s=h-\dfrac{2*h}{\phi^2}\cdot\varphi^2$ 后半程行程公式： $s=\dfrac{2*h}{\phi^2}\cdot(\phi'-\varphi)^2$

3.4.2 建立凸轮机构的运动简图

1．建立凸轮的轮廓曲线

（1）打开 UG NX，在建模环境下，选择"工具"→"表达式"，命令，打开表达式对话框，如图 3-19 所示，输入凸轮轮廓曲线的参数化方程，如表 3-3 所示。

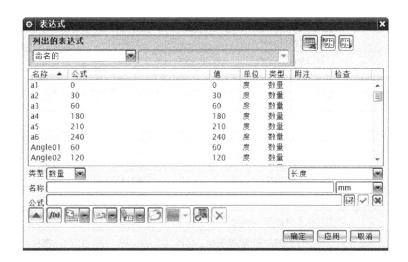

图 3-19　表达式对话框

表 3-3　凸轮廓线的参数化方程

NAME	FORMULA	VALUE	UNITS	TYPE
a1	0	0	度	Number
a2	30	30	度	Number
a3	60	60	度	Number
a4	180	180	度	Number
a5	210	210	度	Number
a6	240	240	度	Number
Angle01	60	60	度	Number
Angle02	120	120	度	Number
Angle03	60	60	度	Number
Angle04	120	120	度	Number
b1	30	30	度	Number
b2	60	60	度	Number
b3	180	180	度	Number
b4	210	210	度	Number
b5	240	240	度	Number
b6	360	360	度	Number
h	10	10	mm	Number
J1	a1*(1-t)+b1*t	30	度	Number
J2	a2*(1-t)+b2*t	60	度	Number
J3	a3*(1-t)+b3*t	180	度	Number
J4	a4*(1-t)+b4*t	210	度	Number

NAME	FORMULA	VALUE	UNITS	TYPE
J5	a5*(1-t)+b5*t	240	度	Number
J6	a6*(1-t)+b6*t	360	度	Number
Je2	60-J2	0	度	Number
Je4	J4-180	30	度	Number
Je5	180+60-J5	0	度	Number
p30	0.950832	0.950832		Number
p31	0.538475	0.538475		Number
R0	50	50	mm	Number
S1	2*h*J1*J1 /(Angle01* Angle01)	5	mm	Number
S2	10-2*h*Je2*Je2 /(Angle01* Angle01)	10	mm	Number
S3	h	10	mm	Number
S4	10-2*h*Je4*Je4 /(Angle03* Angle03)	5	mm	Number
S5	2*h*Je5*Je5 /(Angle03* Angle03)	0	mm	Number
S6	0	0	mm	Number

（2）在曲线工具条中选择规律曲线命令，打开规律曲线对话框，如图 3-20 所示，在对话框中依次输入 xt、yt、zt 的变化规律 $X1$、$Y1$、$Z1$，生成凸轮轮廓曲线推程阶段前半程的曲线，如图 3-21（a）所示；同样，在对话框中依次输入其他阶段的变化规律，生成凸轮的理论轮廓曲线，如图 3-21（b）所示。

图 3-20　规律曲线对话框

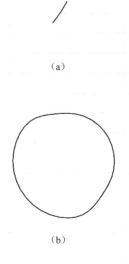

（a）

（b）

图 3-21　凸轮理论轮廓曲线

2. 建立凸轮机构运动简图

（1）根据凸轮的理论轮廓曲线，选择"插入"→"来自曲线集的曲线"→"偏置"命令，向内偏置-10，生成凸轮的实际轮廓曲线，如图 3-22 所示。

（2）选择"插入"→"草图"命令，进入"草图"界面，绘制凸轮机构运动简图，如图 3-23 所示。

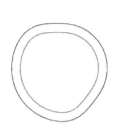

图 3-22　凸轮理论轮廓曲线　　　　　　　　　图 3-23　凸轮机构运动简图

3.4.3　建立凸轮机构的装配模型

（1）在装配环境下，建立凸轮机构的装配文件，选择 Assemble→Component→Add Compoment 命令，将已绘制的凸轮机构运动简图作为第一个零件加入到装配模型中。

（2）创建新组件从动件、滚子、机架等，运用 WAVE 技术将凸轮回转中心、凸轮的理论轮廓曲线等对象抽取至其他元件中，作为各元件的设计依据与定位基准。

（3）选择"插入"→"拉伸"命令，选择凸轮曲线，拉伸 10mm 生成拉伸体，并倒圆，这样就得到了完整的凸轮模型，如图 3-24 所示。同样，建立其他零件模型，凸轮机构的装配模型，如图 3-25 所示。

图 3-24　凸轮模型　　　　　　　　　图 3-25　凸轮机构的装配模型

3.4.4 直动盘形凸轮机构的运动仿真

（1）单击"开始"，选择"运动仿真"选项，进入运动仿真环境。

（2）做运动仿真前，需要将零部件定义为连杆，将凸轮、从动件、滚子定义为"活动连杆"，将机架定义为"固定连杆"，如图 3-26 所示。

（3）接下来，定义"运动副"，定义凸轮与机架之间为"旋转副"，定义滚子与机架之间为"旋转副"，再定义一个"移动副"。由于机架是固定连杆，系统自动会为其生成"固定副"，如图 3-27 所示。

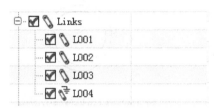

图 3-26　连杆　　　　　　　　　　　　　　　　　图 3-27　运动副

（4）定义凸轮与滚子之间的高副，选择"插入"→"约束"→"线在线上副"命令，打开"线在线上副"对话框，根据提示依次选择滚子草图曲线、凸轮轮廓曲线，如图 3-28 所示。

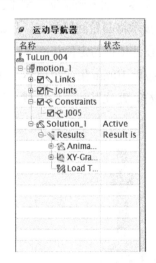

图 3-28　建立线在线上副

（5）定义驱动。为凸轮与机架之间的"旋转副 J002"定义驱动，在 J002 上右击，选择"编辑"，进入一下界面，在"驱动"选项，给凸轮输入恒定速度 10 degree/s，如图 3-29 所示。

（6）建立解算方案。设置运动时间为 36，步数为 360，如图 3-30 所示。

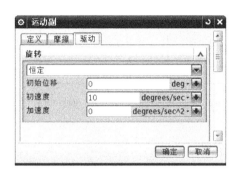

图 3-29　定义驱动　　　　　　　　　　　　图 3-30　建立解算方案

3.4.5　输出运动曲线

在 solution、XY-Graphing 中选择要查看的运动副参数，此处，注意从动件的运动规律。在 XY-Graphing 上右击"新建"，打开图表对话框，图 3-31 所示，选择从动件与机架之间移动副 J004，选择"位移"和"速度"，单击"应用"按钮，输出如图 3-32、图 3-33 所示的位移线图和速度线图，从运动线图可以看出实现了预期的运动规律。

图 3-31　图表对话框

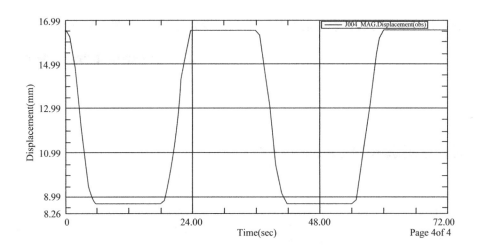

图 3-32　位移线图

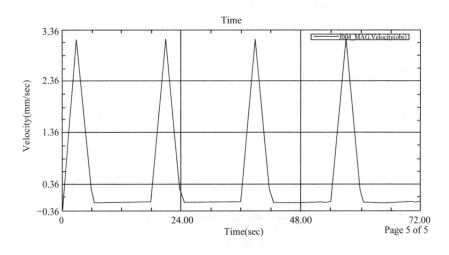

图 3-33　速度曲线

3.5　绕线机凸轮机构建模与仿真

以绕线机凸轮机构为例，说明摆动从动件盘形凸轮机构的建模与仿真过程。

图 3-34 所示为绕线机凸轮机构，当凸轮 1 转动时，摆动从动件 2 作往复摆动，其端部导叉引导线绳均匀地从线轴 3 的一端缠绕到另一端口，然后反向继续引导线绳均匀地缠绕，直至工作结束，凸轮在运动中能推动摆动从动件 2 实现均匀缠绕线绳的运动学要求。

主要技术参数：滚筒转速 n=600r/min，滚筒直径 D=30mm，滚筒长度 L=60mm，绕线直径 d=1mm。

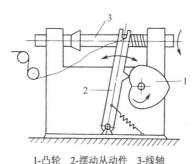

1-凸轮　2-摆动从动件　3-线轴

图 3-34　自动送料凸轮机构

3.5.1　凸轮机构主要结构参数及运动规律的确定

1．从动件运动规律的选择

绕线机中的凸轮 1 转动时，摆动从动件 2 端部导叉需均匀地引导线绳从线轴 3 的一端缠绕到另一端口，摆动从动件推程与回程均为等速运动规律。由于摆动从动件往复摆动，设定推程运动角 Φ=180°，回程运动角 Φ'=180°。

2．确定基本尺寸

取凸轮基圆半径 R_b=30mm。

3.5.2　建立凸轮的轮廓曲线

（1）打开 UG NX，在建模环境下，选择"工具"→"表达式"命令，打开表达式对话框，在对话框中输入凸轮轮廓曲线的参数化方程，如图 3-35 所示。

（2）在曲线工具条中选择规律曲线命令，打开规律曲线对话框，如图 3-36 所示，在对话框中依次输入 xt、yt、zt 的变化规律 $X1$、$Y1$、$Z1$，生成凸轮推程阶段的轮廓曲线，如图 3-37（a）所示；同样，在对话框中依次输入 $X1$、$Y1$、$Z1$，生成凸轮回程阶段的轮廓曲线，如图 3-37（b）所示。

图 3-35　凸轮廓线的参数化方程

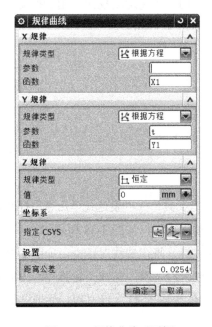

图 3-36　规律曲线对话框

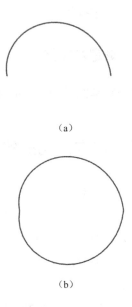

图 3-37　凸轮轮廓曲线

3.5.3　凸轮机构装配模型的建立

（1）在装配环境下，建立凸轮机构的装配文件，选择 Assemble → Component → Add Compoment 命令，将已建立的凸轮轮廓曲线作为第一个零件加入到装配模型中。

（2）选择"插入"→"拉伸"命令，选择凸轮轮廓曲线，生成拉伸体，如图 3-38 所示。

图 3-38　凸轮模型　　　　　　　　　图 3-39　凸轮机构装配模型

（3）创建新组件从动件、定位销，运用 WAVE 技术将凸轮的回转中心、表面等抽取并传递至从动件、定位销中，作为各零件的设计依据与定位基准，在此基础上，建立它们的模型，如图 3-39 所示。

3.5.4　凸轮机构的运动仿真

（1）单击"开始"，选择"运动仿真"选项，进入运动仿真环境。

（2）做运动仿真前，需要将零部件定义为连杆，将凸轮、从动件定义为"活动连杆"，将机架定义为"固定连杆"。

（3）接下来，定义"运动副"。定义凸轮与机架之间为"旋转副"，从动件与定位销之间为"旋转副"。

（4）接下来定义凸轮与滚子之间的高副，选择"插入"→"约束"→"线在线上副"命令，打开"线在线上副"对话框，根据提示依次选择滚子草图曲线、凸轮轮廓曲线，如图 3-40 所示。

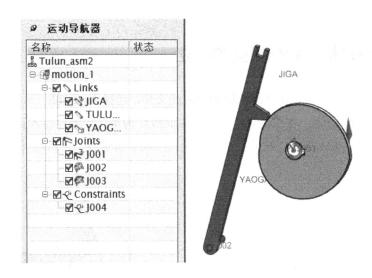

图 3-40　建立线在线上副

（5）定义驱动。为凸轮与机架之间的"旋转副 J003"定义驱动，右击 J003，选择"编辑"命令，打下运动副对话框，在"驱动"选项，给凸轮输入恒定速度 10 degree/s，如图 3-41 所示。

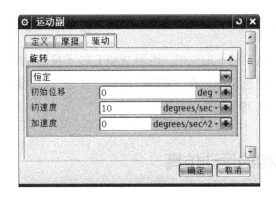

图 3-41　定义驱动

（6）建立解算方案，设置运动时间为 72，步数 360。

3.5.5　输出运动曲线

在 XY-Graphing 上右击"新建"，打开图表对话框，选择从动件与机架之间摆动副 J002，选择"位移"和"速度"，单击"应用"按钮，输出如图 3-42、图 3-43 所示的位移线图和速度线图，从运动线图可以看出实现了从动件的匀速摆动。

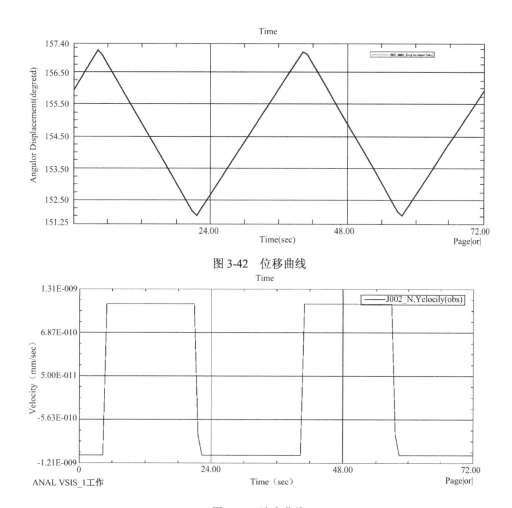

图 3-42　位移曲线

图 3-43　速度曲线

讨论 1：从位移曲线、速度曲线可看出，推程和回程阶段基本实现匀速摆动，实现了预期的目标。

讨论 2：建立如图 3-44 所示绕线机的数字化模型。

图 3-44　绕线机凸轮机构

3.6　自动送料凸轮机构的建模与仿真

　　圆柱凸轮机构有着良好的运动和动力性能，在各种动力机械中得到了广泛应用。如何能够建立圆柱凸轮的精确形状和运动仿真，对于提高圆柱凸轮加工精度，优化圆柱凸轮机构设计非常重要。以自动送料凸轮机构为例，说明直动从动件圆柱凸轮机构的建模与仿真。

　　图 3-45 所示为自动送料凸轮机构。当凸轮 1 转动时，通过其圆柱面上的沟槽推动从动件 2 往复移动，将待加工毛坯 3 推动到预定的位置。凸轮每转一周，从动件 2 即从储料器 4 中推出一个待加工毛坯，这种自动送料凸轮机构，能够完成输送毛坯到达预期位置的功能，对毛坯在移动过程中的运动没有特殊的要求。具体技术参数：送料行程 L=60mm，n=30r/min，$f_{进}/f_{退}$=1/2；$F_{送}$=200N。

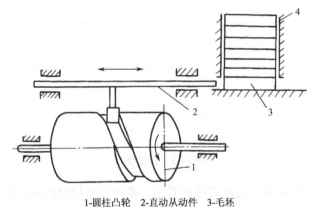

1-圆柱凸轮　2-直动从动件　3-毛坯

图 3-45　自动送料凸轮机构

3.6.1　凸轮机构主要结构参数及运动规律的确定

1. 从动件的运动规律的选择

　　自动送料凸轮机构通过从动件 2 往复移动，将待加工毛坯 3 推动到预定的位置，选用"升—回"型（RR 型）位移曲线；由于毛坯在移动过程中的运动没有特殊的要求，推程和回程的运动规律选用等速运动规律。根据 $f_{进}/f_{退}$=1/2，设定推程运动角 Φ=240°，回程运动角 Φ'=120°。

2．确定基本尺寸

根据送料行程，从动件行程 h=60mm，设凸轮基圆半径 R_b=30mm。

3.6.2 圆柱凸轮数字化模型的建立

1．建立圆柱凸轮的轮廓曲线

圆柱凸轮的轮廓曲线是空间曲线。圆柱凸轮的基圆半径 R，从动件的运动规律 $S(\varphi)$，其中，φ 为凸轮的转角，建立圆柱凸轮理论廓线方程如下。

$x=R\cos(\varphi)$

$y=R\sin(\varphi)$

$z=S(\varphi)$

式中，x、y、z 表示曲线上任意点坐标，S 表示升程

（1）打开 UG NX，单击"新建"按钮，出现以下界面，选择"模型"。选择"工具"→"表达式"，输入凸轮轮廓曲线的参数化方程，如图 3-46 所示。

图 3-46 凸轮廓线的参数化方程

（2）在曲线工具条中选择"规律曲线"命令，打开规律曲线对话框，如图 3-47 所示，在对话框中依次输入 xt、yt、zt 的变化规律 $X1$、$Y1$、$Z1$，生成凸轮轮廓曲线升程阶段的曲线，如图 3-48（a）所示；同样，在对话框中依次输入 $X2$、$Y2$、$Z2$，生成凸轮轮廓曲线回程阶段的曲线，如图 3-48（b）所示。

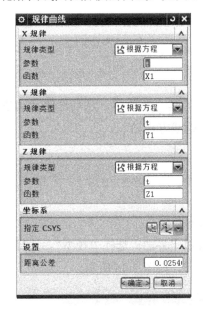

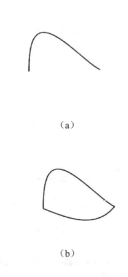

（a）

（b）

图 3-47　规律曲线对话框　　　　图 3-48　规律曲线对话框

2．建立圆柱凸轮模型

（1）根据基圆半径 R_b 建立圆弧，选择"插入"→"拉伸"命令，生成圆柱模型，如图 3-49（a）所示。

（2）选择"插入"→"拉伸"命令，选择凸轮曲线，并向下偏置-5 生成拉伸体，并求差生成圆柱面上的沟槽，如图 3-49（b）所示。

（3）分别在圆柱两端添加圆柱，如图 3-49（b）所示，这样就得到了完整的凸轮造型。

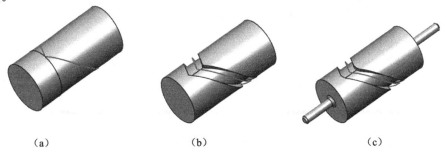

（a）　　　　　　（b）　　　　　　（c）

图 3-49　圆柱凸轮模型

3.6.3　圆柱凸轮机构装配模型的建立

（1）在装配环境下，建立圆柱凸轮机构的装配文件，选择 Assemble → Component → Add Compoment 命令，将已建立的圆柱凸轮作为第一个零件加入到装配模型中。

（2）创建新组件从动件、储料器，运用 WAVE 技术将圆柱凸轮的圆柱面、端面、凸台的表面抽取并传递至从动件、储料器中，作为各零件的设计依据与定位基准，在此基础上，建立它们的模型，如图 3-50 所示。

图 3-50　装配模型

3.6.4　圆柱凸轮机构的运动仿真

1．定义连杆

（1）单击"开始"，选择"运动仿真"选项，进入运动仿真界面。

（2）首先定义连杆，将圆柱凸轮、从动件定义为"活动连杆"，将储料器定义为固定连杆 L001。

2．定义运动副

（1）由于储料器是固定连杆，系统会自动为其生成固定副 J001。

（2）定义圆柱凸轮与储料器之间为旋转副 J002，定义从动件与储料器之间为移动副 J004。

（3）为保证凸轮机构运动过程中，凸轮始终与从动件相接触，选用"点在线上副"，定义从动件圆柱回转中心在"凸轮轮廓曲线"上 J003；如图 3-51 所示。

图 3-51　运动模型的定义

3．定义驱动

为凸轮与机架之间的旋转副 J002 定义驱动，在运动导航器中的 J002（圆柱凸轮的旋转副）上右击，选择"编辑"命令，弹出对话框，选择"驱动"选项，在旋转类型中选择"恒定"选项，根据 $n=30r/min$，设定初速度设为 180（表示主动轮的恒定转速为 180degree/s）。

4．建立解算方案

设置运动时间为 36，步数 100，如图 3-52 所示。

图 3-52　建立解算方案　　　　　图 3-53　输出运动曲线

3.6.5　输出运动曲线

在 **XY-Graphing** 上右击"新建",打开图表对话框,选择从动件与机架之间移动副 J002,选择"位移"、"速度"选项,如图 3-53 所示,输出如图 3-54、图 3-55 所示的位移线图和速度线图,从运动线图可以看出实现了从动件的匀速摆动。

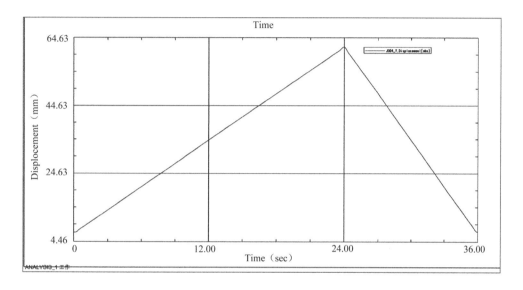

图 3-54　位移线图

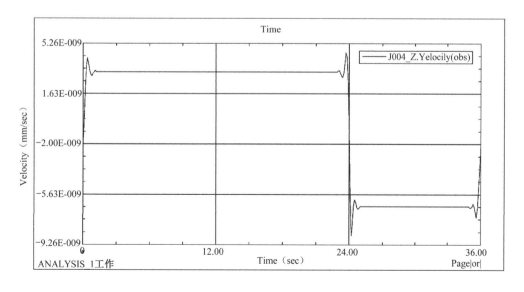

图 3-55　速度线图

从位移线图和速度线图可以看出，能够完成输送毛坯到达预期位置的功能，实现了 $f_{进}/f_{退}=1/2$；但在速度线图上升程和回程的起始位置上存在速度的波动，可考虑使用组合曲线改善其运动特性。

思考题

试用 3.4 节的从动件的运动规律设计一移动凸轮机构，如图 3-56 所示。

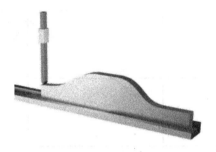

图 3-56　移动凸轮

第 4 章

齿轮机构及轮系数字化
设计与仿真

　　齿轮机构是现代机械中应用最广泛的一种传动机构，它可以用来传递空间任意两轴之间的运动和动力，而且传动准确、平稳，机械效率高，使用寿命长，工作安全可靠。

4.1 齿轮机构概述

4.1.1 齿轮机构的类型

1. 按照一对齿轮传动时的相对运动分类

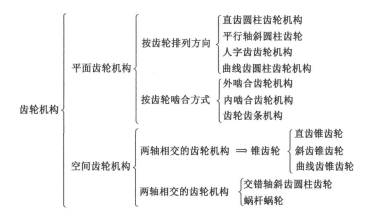

2．按照一对齿轮传动的传动比是否变动分类

按照一对齿轮传动的传动比是否变动分类，分为定传动比齿轮机构和变传动比齿轮机构。其中，平行轴、相交轴、交错轴齿轮传动机构样图如图 4-1 所示。

平行轴齿轮传动机构

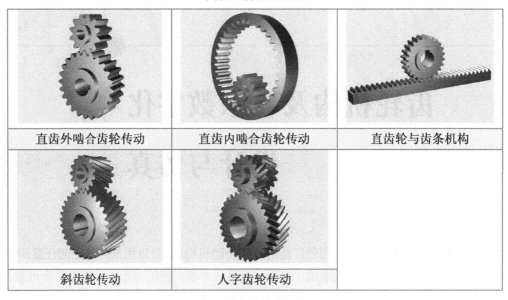

直齿外啮合齿轮传动	直齿内啮合齿轮传动	直齿轮与齿条机构
斜齿轮传动	人字齿轮传动	

相交轴齿轮传动机构

直齿圆锥齿轮传动	斜齿圆锥齿轮传动	弧齿圆锥齿轮传动

交错轴齿轮传动机构

交错轴斜齿轮传动	蜗杆传动	准双曲面齿轮传动

图 4-1 齿轮的分类

4.1.2　齿轮机构的特点

1．齿轮机构传动具有的优良传动特点

（1）工作可靠。齿轮传动具有减速或者增速的功能，可实现的传动比比值也较大，可以实现很大范围内的速度调节，工作很可靠，稳定性很好。

（2）传动效率高。得益于齿轮渐开线精度的提高，现在的齿轮传动可达到 99%以上的传动效率。

（3）使用寿命长。与其他机械运动相比，齿轮传动有着更高的使用寿命。

（4）适用的圆周速度和功率范围广。随着齿轮加工性能和材质的提高，目前齿轮传动可以达到 105kW 以上的传递功率，齿轮的圆周运动速度也可以达到 40m/s 以上。

（5）传动比稳定，传动平稳。齿轮传动的传动比比较稳定，非圆齿轮的传动比也是在设计范围内波动。

2．齿轮传动具有的缺点

（1）齿轮传动的成本需求较高、制造安装精度较高。低精度的齿轮在传动时产生的噪音比高精度齿轮传动更大；齿轮之间相对摩擦也有着相应的增加，这便导致齿轮传动装置的使用寿命较短；高精度齿轮传动和特殊齿形齿轮传动都需要更高的制造成本。

（2）不适于两轴间长距离的传动。齿轮传动的构件之间应尽量布置的紧凑些，需要的传动空间不宜太大，长距离的传动并不适宜使用齿轮传动。

（3）没有过载保护。

4.2　轮系概述

4.2.1　轮系的类型

按照轮系在运转过程中各齿轮几何轴线在空间的相对位置是否变动分类，可分为定轴轮系、周转轮系、混合轮系，如图 4-2～图 4-6 所示。

图 4-2　平面定轴轮系

图 4-3　空间定轴轮系

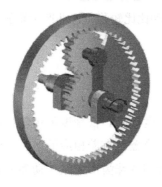

图 4-4　行星轮系

图 4-5　差动轮系

图 4-6　复合轮系

4.2.2　轮系的特点

1．轮系的传动具有的优良特点

（1）可获得很大的传动比。一对齿轮传动的传动比一般不能太大，而通过轮系则可以获得很大的传动比。

（2）可作为远距离传动。单对齿轮的传动如要实现远距离传动必然需要较大的尺寸，导致机构庞大，轮系则可以解决这一问题。

（3）可以实现变速和变向要求。可实现增速和减速要求，通过中间齿轮还可实现变向要求。

（4）可以实现运动的合成与分解。

（5）其余特点与齿轮机构类似。

2．轮系传动具有的缺点

轮系传动的成本需求较高、制造安装精度较高。低精度的齿轮在传动时产生的噪声比高精度齿轮传动时更大；齿轮之间相对摩擦也有相应增加，这便导致轮系传动装置的使用寿命要求更高；高精度轮系传动需要的制造成本也更高。

4.3　齿轮机构运动副定义

4.3.1　齿轮副

齿轮副（Gear Joint）用于定义内、外啮合齿轮机构的传动，也可以模拟空间齿轮等机构的运动。建立齿轮副之前，首先建立正确的齿轮装配与啮合关系，然后建立各个齿轮的旋转副。

选择菜单栏中的【插入】|【传动副】|【齿轮副】命令，弹出如图 4-7 所示的"齿轮副"对话框，齿轮副定义步骤如下。

图 4-7　齿轮副对话框

（1）先用 NX 创建一对齿轮。

（2）新建一例运动仿真。

（3）创建连杆，默认的零件不能创建运动副，需要通过把一对齿轮创建成连杆 1和连杆 2。

（4）创建运动副，需要依次创建两齿的旋转副；用鼠标在绘图区域或者"运动导航器"中分别选择齿轮的两个旋转副。"接触点"为两齿轮分度圆的相切点，适用于轴线平行的齿轮啮合。如果轴线不平行，可创建锥齿轮传动。

（5）定义传动比。对话框中的"比率"用于定义齿轮的传动比，对于外啮合的齿轮，比率=主动轮齿数/从动轮齿数，对于内啮合的齿轮，比率=－主动齿轮齿数/从动齿轮齿数。

通过"解算方案－求解－动画"这一系列步骤，模拟齿轮副运动结果，图 4-8 为一外啮合齿轮副样例。

图 4-8　外啮合齿轮副

4.3.2　齿轮/齿条副

齿轮齿条副（Rack/Pinion Joint）能够实现旋转运动与滑动运动之间的转换。在定义齿轮齿条副之前，在齿轮上建立绕着中心轴转动的旋转副，在齿条上建立沿着齿距方向平移的滑动副。选择菜单栏中的【插入】|【传动副】|【齿轮齿条副】命令，弹出如图 4-9 所示的"齿轮齿条副"对话框。齿轮齿条副定义步骤如下。

（1）先用 NX 创建一个齿轮和一个齿条，其模式为装配状态。

（2）新建一例运动仿真。

（3）创建连杆，默认的零件不能创建运动副，需要通过把齿轮与齿条创建成连杆 1 和连杆 2。

（4）创建运动副，齿轮齿条副的运动状态为齿轮旋转，齿条滑动，需要依次创建旋转副和滑动副。

通过"解算方案−求解−动画"这一系列步骤，模拟齿轮齿条副运动结果，图 4-10 为一齿轮齿条副样例。

图 4-9　齿轮齿条副对话框

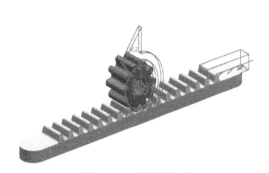

图 4-10　齿轮齿条副

4.4　直齿锥齿轮机构设计

4.4.1　参数计算

已知一对等顶隙收缩齿渐开线标准直齿锥齿轮的轴交角 $\sum = 90°$，$z_1 = 17$，

$z_2 = 43$，大端模数 $m_e = 3\text{mm}$，压力角 $\alpha_n = 20°$，建立该锥齿轮机构的数字化模型。

利用 NX 中 GC 工具箱建立锥齿轮的模型时，需要输入齿轮相关参数，如图 4-11 所示，相关参数计算如下。

分度圆锥角：$\delta_1 = \arctan\dfrac{z_1}{z_2} = \arctan\dfrac{17}{43} = 21.57°$

$\delta_2 = 90° - \delta_1 = 68.43°$

外锥距：$R_e = \sqrt{r_1^2 + r_2^2} = \dfrac{m_e}{2}\sqrt{z_1^2 + z_2^2} = 69.358$

齿宽：$b \leqslant \dfrac{R_e}{3}$，$b \leqslant 10m_e \therefore b = 20$

4.4.2　建立直齿锥齿轮机构数字化模型

（1）打开 NX9.0，单击"新建"按钮，弹出新建对话框，输入名称 zhichilun，设置保存路径。

（2）选择 GC 工具箱→齿轮建模→锥齿轮→创建齿轮，弹出锥齿轮对话框，输入相应参数值，如图 4-11 所示，建立锥齿轮小齿轮模型；同样的方法，建立锥齿轮大齿轮模型，如图 4-12 所示。

图 4-11　建立锥齿轮小齿轮

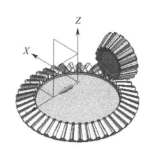

图 4-12　建立锥齿轮大齿轮

（3）选择 GC 工具箱→齿轮建模→锥齿轮→啮合齿轮，弹出齿轮啮合对话框，依次选择小齿轮、大齿轮为主动齿轮和从动齿轮，定义 Z 方向为轴向矢量方向，单击"应用"按钮，使小齿轮、大齿轮啮合，如图 4-13 所示。

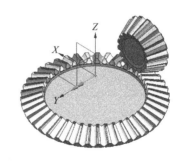

图 4-13　锥齿轮啮合三维模型

4.4.3　运动仿真

在建模环境下单击"开始"命令，选择"运动仿真"选项，进入运动仿真界面。新建仿真、选择运动学，建立一运动方案。

（1）创建连杆。将刚创建的两齿轮设为连杆。

（2）创建运动副。单击运动副和旋转副命令，设置两个齿轮的运动条件，小齿轮设为驱动，初始速度选择恒定 10。

（3）创建齿轮副命令。单击"齿轮"命令，选择相互啮合的两齿轮，输入对应比率 17/43，单击"确定"按钮；建立锥齿轮运动仿真模型，如图 4-14 所示。

（4）求解。运动副定义完毕，单击"求解"命令，输入时间和步数，进行解算，解算完毕后，单击"动画控制"命令，即可看到运动仿真，输出的角速度曲线如图 4-15 所示。

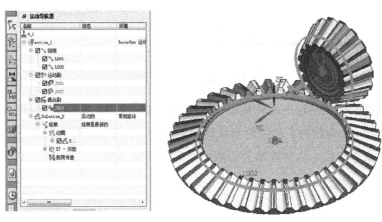

图 4-14　运动仿真模型

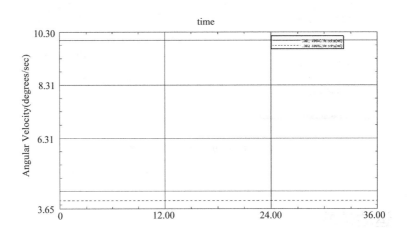

图 4-15　角速度曲线

4.5　2K-H 型行星轮系设计

4.5.1　行星轮系的设计

某搅拌机拟采用一套行星轮系作为其传动装置,已知输入转速为 n_{in}=2400r/min,工作要求输出转速为 n_{out}=200r/min。

1．选择轮系类型

轮系用于搅拌机,传递动力是其主要功能要求之一,要求所选轮系具有较高的效率,选用负号机构。

$i_{io}=n_{in}/n_{out}=240/20=12$

根据传动比范围,兼顾结构复杂程度,选择单排 2K-H 机构行星轮系。

2．确定各轮齿数和行星轮个数

为了提高承载能力,初选行星轮个数 k=3。

$z_1=KN/i_{iH}=3N/12$,为避免根切并考虑使结构更为紧凑,取 z_1=17。

$z_3 = (i_{iH}-1)*z_1 = 187$

$z_2 = (i_{iH}-2)*z_1/2 = 85$

$(z_1+z_2)\sin\dfrac{180°}{k} > z_2 + 2h_a^*$

满足邻接条件,最后设计方案如下。

k=3　　　z_1=17　　　z_2=85　　　z_3=187

4.5.2　建立 2K-H 型行星轮系数字化模型

(1)在装配环境下,建立轮系的装配文件,选择 Assemble → Component → New Compoment 命令,在第一个零件中,根据上面计算的齿数(m=2),计算中心距并绘制草图,如图 4-16 所示。

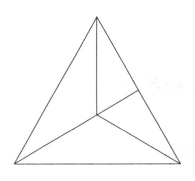

图 4-16　草图

（2）选择"GC 工具箱"→"直齿圆柱齿轮"命令，打开"渐开线圆柱齿轮参数"对话框，输入参数，如图 4-17 所示，依次建立中心轮、行星轮、齿圈，并进行啮合，如图 4-18 所示。

（3）创建系杆，运用 WAVE 技术抽取各齿轮的回转中心、草图等，并传递至系杆零件中，在此基础上，建立系杆模型，至此，完成 2K-H 型行星轮系装配模型，如图 4-19 所示。

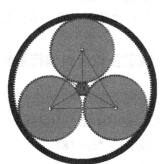

图 4-18　齿轮模型

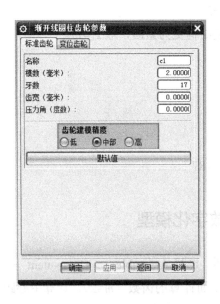

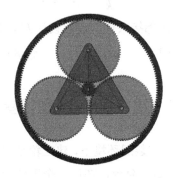

图 4-17　渐开线圆柱齿轮参数对话框　　　图 4-19　2K-H 型行星轮系装配模型

4.5.3　行星轮系的运动仿真

（1）单击"开始"命令，选择"运动仿真"选项，进入运动仿真环境。

（2）做运动仿真前，需要将零部件定义为连杆，将中心轮、行星轮、系杆定义为"活动连杆"，将齿圈定义为"固定连杆"。

（3）接下来，定义运动副。依次定义中心轮、行星轮与系杆之间的"旋转副"，定义中心轮、行星轮、齿圈之间为"齿轮副"，如图 4-20 所示。

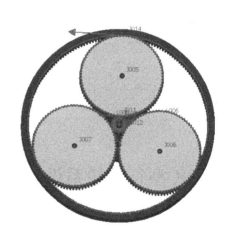

图 4-20　2K-H 型行星轮系运动仿真模型

（4）定义驱动。为旋转副 J004 定义驱动，右击 J004，选择"编辑"命令，打开运动副对话框，选择"驱动"选项，给齿轮输入恒定速度 2400 degree/s。

（5）建立解算方案，设置运动时间为 72，步数 360。

（6）输出运动曲线。

在 XY-Graphing 上右击选择"新建"命令，打开图表对话框，选择转动副 J004、J008，选择"速度"选项，单击"应用"按钮，得出输入轴、输出轴的转速，从运动线图可以看出实现了预期的要求，如图 4-21 所示。

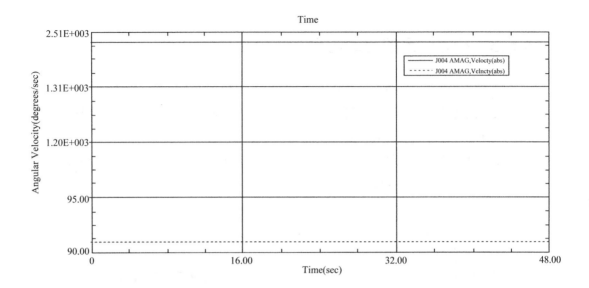

图 4-21　速度线图

4.6　3K 型行星轮系设计

4.6.1　参数计算

试设计某火炮瞄准机构中的行星齿轮机构。已知，输入功率 P1=5kW，输入转速 n_1=4980r/min，传动比 i=264；传动比的允许偏差为 0.01，模数 m=2。要求：短期间断工作、外轮廓尺寸较小、结构紧凑和较高的传动效率。

1. 确定火炮行星减速器的传动类型

根据火炮的工作短期且间断，结构紧凑，外轮廓尺寸较小和较高的传动效率等要求，选择 3K 类型的传动较为合适，如图 4-22 所示。

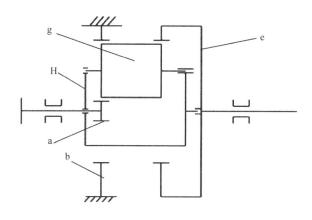

图 4-22　3K 型齿轮传动简图

2．根据已知的传动比确定各齿轮的齿数

已知 $i=264$，且传动类型为 3K 型，即行星轮数目为 $n_p=3$。为使该减速器的结构尽可能小，可选取中心轮 a 的最少齿数为 $z_a=12$。则由公式可得，即

$$z_b = \frac{1}{2}[\sqrt{\left(z_a + n_p\right)^2 + 4\left(i_p - 1\right)z_a n_p} - \left(z_a + n_p\right)] = 90$$

$$z_e = z_b + n_p = 93$$

$$z_g = \frac{1}{2}\left(z_e - z_b\right) - 0.5 = 40$$

验算传动比为

$$i_{ae}^b = (1 + \tfrac{z_b}{z_a})(\frac{z_e}{z_e - z_b}) = 263.5$$

此时的传动误差为

$$\Delta i = \frac{\left| i_p - i \right|}{i_p} = 0.0019 < \Delta i_p = 0.01 \text{，满足传动比要求以及传动误差要求。}$$

综上各齿轮齿数为
$$z_a = 12, z_b = 90, z_e = 93, z_g = 40$$

3．啮合参数计算

由各齿轮齿数及运动原理可计算出三个齿轮副 $a\text{-}g$、$b\text{-}g$、$e\text{-}g$ 的各自中心距分别如下。

$$a_{ag} = \frac{1}{2}\left(z_a + z_g\right)m = 52$$

$$a_{bg} = \frac{1}{2}(z_b - z_g)m = 50$$

$$a_{eg} = \frac{1}{2}(z_e - z_g)m = 53$$

三个中心距并不相同，及啮合传动不同心，不能满足非变位的同心条件，若使中心距要求相同，则需要改变各齿轮的齿数，然而，这就很难保证传动比的要求，因此，既需要保证传动比要求又要求保证同心条件，则必须对齿轮进行变位。取 a'=53mm 作为公用中心距值，表 4-1 为各齿轮的啮合参数。

表 4-1 啮合参数

内容	计算公式	a-g 啮合	b-g 啮合	e-g 啮合
中心距变动系数 y^*	$y = \frac{a'-a}{m}$	$y_a = 0.5$	$y_b = 1.5$	$y_e = 0$
啮合角 α'	$\alpha' = \cos^{-1}(\frac{a}{a'}\cos a)$	$\alpha_{a'} = 22°47'$	$\alpha_{b'} = 27°33'$	$\alpha_{e'} = 20°$
变位系数和 $x\Sigma$	$x\Sigma = \frac{z\Sigma}{2\mathrm{tg}a}(\mathrm{inv}\alpha' - \mathrm{inv}a)$	0.5278	1.7872	0
齿顶高变位系数 Δy	$\Delta y = x\Sigma - y$	0.0278	0.02872	0
重合度 ε	$\varepsilon = \frac{1}{2\pi}[z_1(\mathrm{tg}\alpha_{a1} - \mathrm{tg}\alpha')$ $\pm z_2(\mathrm{tg}\alpha_{a2} - \mathrm{tg}\alpha')]$	$\varepsilon = 1.412$	$\varepsilon = 1.561$	$\varepsilon = 1.795$

各齿轮变位系数确定如下。

（1）a-g 齿轮副。由于齿轮 a 的齿数小于 17，为了避免齿轮 a 产生根切、凑合中心距和改善啮合性能，该齿轮的变位方式选择角度变位的正传动；即

$$x\Sigma_a = x_a + x_g > 0$$

当齿顶高系数 ha*=1，α =200 时，避免根切的最小变位系数为

$x_{\min} = \frac{17 - z_a}{17} = 0.2941$，取中心轮 a 的变位系数为 x_a=0.2941。

因 $x\Sigma_a = x_a + x_g = 0.5278$，则行星轮 g 的变位系数为 x_g=0.5278-0.2941=0.2337。

（2）b-g 齿轮副。由 $x\Sigma_b = x_b - x_g = 1.7872$ 可得，$x_b = 2.0209$。

（3）e-g 齿轮副。由 $x\Sigma_e = x_e - x_g = 0$ 可得，$x_e = x_g = 0.2941$。

4．几何尺寸的计算

如表 4-2 所示。

表 4-2　几何尺寸

内容	计算公式		齿轮 a	齿轮 b	齿轮 e	齿轮 g
分度圆直径 d	$d=m*z$		24	180	186	80
基圆直径 d_b	$d_b = d\cos\alpha$		22.55	169.15	174.78	75.19
节圆直径	$d_b/\cos\alpha'$		24.4615	190.8	186	80
齿顶圆直径	外啮合	$da = d + 2(ha*+x-\Delta y)m$	28.7684	183.2112	8183.21	85.07
	内啮合	$da = d - 2m(ha*-x-y)$				
齿根圆直径	$df = d - 2m(ha*+c*-x)$		19.9	192.36	192.2	76.2

4.6.2　建立 3K 型行星轮系装配模型

（1）打开 NX，单击"新建"按钮，设置名称和保存目录后，单击"确定"按钮，进入建模环境。

（2）单击 GC 工具箱中的"齿轮建模"-"柱齿轮"命令，按照上述计算参数输入中心轮 a 的相应参数，位置置于原点，然后同上设计齿轮 b，位置置于原点，与齿轮 a 同心；设计齿轮 g，位置先置于原点，然后选择"齿轮啮合"命令，分别将 a-g 齿轮和 b-g 齿轮进行啮合；最后创建齿轮 e，并与齿轮 g 啮合且与齿轮 a 的轴线重合。

（3）设计系杆 H，按照简图画出系杆的草图，通过插入-扫掠-管道命令直接生成系杆等构件模型，如图 4-23 所示。

图 4-23　3K 型行星轮系建模过程

4.6.3　3K 型行星轮系运动仿真

在建模环境下单击"开始"命令，选择"运动仿真"选项，进入运动仿真界面。依次执行新建运动"仿真-动态-确定操作"。

（1）创建连杆。齿轮 b 设为固定连杆，其余齿轮及系杆 H 都设为活动连杆。

（2）创建运动副。单击"运动副"和"旋转副"命令，设置中心轮各参数，其中"指定原点"为齿轮中心，"指定方位"为齿轮轴线方向，"基本"选项中的"选择连杆"选择系杆 H，"驱动"中选择"恒定"-"初速度"，输入初始速度为 4980r/min；同上设置其余三齿轮旋转参数，但不需设置驱动，"基本"中的"选择连杆"均选择系杆 H；最后设置系杆 H 的旋转参数，其旋转中心选择输入输出轴的旋转中心，指定方位选择轴线方位。

（3）创建齿轮副。单击"齿轮副"命令，选择相互啮合的三对齿轮，输入对应比率，单击"确定"按钮。

（4）求解。运动副定义完毕，单击"求解"命令，输入时间和步数，勾选"通过"选项，按"确定"按钮进行解算，解算完毕后，单击"动画控制"命令，即可看到运动仿真，如图 4-24 所示。

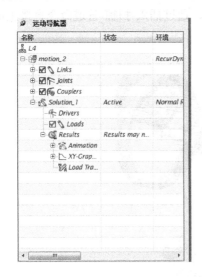

图 4-24　运动仿真

◦◦◦➡**思考题**

试设计如图 4-25 所示的 2K-H 型双排周转轮系，传动比为 7.3。

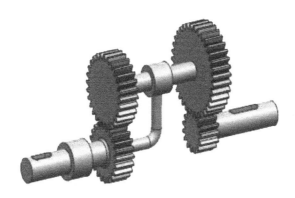

图 4-25　2K-H 型双排周转轮系双排

第 5 章

间隙机构数字化设计与仿真

5.1 间隙机构简介

在各类机械中，常需要用某些构件实现周期性的运动和停歇。能够将主动件的连续运动转换成从动件有规律的运动和停歇的机构，称为间歇运动机构。常见的间歇运动机构有槽轮机构、棘轮机构、不完全齿轮机构、凸轮式间歇运动机构。

5.1.1 棘轮机构

1．棘轮机构的组成和工作原理

棘轮机构主要由棘轮、主动棘爪、止回棘爪和机架组成（图 5-1），在工程中广泛应用于转位分度、进给、单向离合器、超越离合器、制动器等。

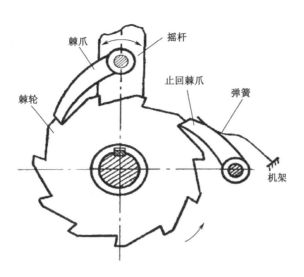

图 5-1　棘轮机构组成

2．棘轮机构的类型和特点

棘轮机构种类繁多，运动形式多样，按结构分类分为齿式棘轮机构、擦式棘轮机构；按啮合方式分类分为外啮合式和内啮合式棘轮机构；按运动形式分类分为单向间歇转动、单向间歇移动、双动式棘轮机构。图 5-2～图 5-7 为常用的棘轮机构。

图 5-2　外啮合轮齿式棘轮机构

图 5-3　内啮合轮齿式棘轮机构

图 5-4　棘条机构　　　　　　　　图 5-5　钩头双动式棘轮机构

图 5-6　可变向棘轮机构　　　　　　图 5-7　内啮合摩擦式棘轮机构

5.1.2　槽轮机构

1. 槽轮机构的组成和工作原理

槽轮机构由具有圆柱销的主动销轮、具有直槽的从动槽轮和机架组成。从动槽轮实际上是由多个径向导槽所组成的构件，由主动销轮利用圆柱销带动从动槽轮转动，各个导槽依次间歇地工作，如图 5-8 所示。

槽轮机构能准确控制转角，工作可靠，机械效率高，一般应用于转速不高和要求间歇转动的机械当中，如自动机械、轻工机械或仪器仪表等。

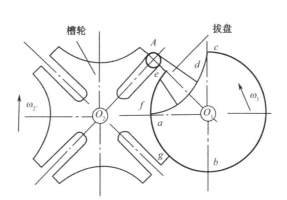

图 5-8　槽轮机构组成

2．槽轮机构的类型

槽轮机构主要分为传递平行轴运动的平面槽轮机构和传递相交轴运动的空间槽轮机构两大类。其中，平面槽轮机构又分为外槽轮机构和内槽轮机构。图 5-9～图 5-14 为常用的槽轮机构。

图 5-9　外槽轮机构

图 5-10　内槽轮机构

图 5-11　槽条机构

图 5-12　球面槽轮机构

图 5-13　不等臂长多销槽轮机构

图 5-14　偏置外槽轮机构

5.1.3 凸轮式间歇运动机构

凸轮式间歇运动机构由主动凸轮、从动转盘和机架组成，以主动凸轮带动从动转盘完成间歇运动，如图 5-15 所示。一般有两种形式，即圆柱凸轮间歇运动机构和蜗杆凸轮间歇运动机构，如图 5-16、图 5-17 所示。凸轮式间歇运动机构在轻工机械、冲压机械等高速机械中常用作高速、高精度的步进进给、分度转位机构等。

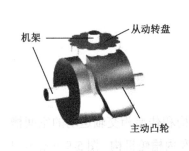

图 5-15　凸轮式间歇运动机构组成　　图 5-16　圆柱凸轮分度机构　　图 5-17　蜗杆凸轮分度机构

5.1.4 不完全齿轮机构

不完全齿轮机构由主动轮、从动轮和机架组成，是由普通齿轮机构转化而成的一种间歇运动机构。不完全齿轮机构的主动轮上只有一个或几个轮齿，并根据运动时间与停歇时间的要求，在从动轮上有与主动轮轮齿相啮合的齿间。两轮轮缘上各有锁止弧，在从动轮停歇期间，用来防止从动轮游动，并起定位作用。图 5-18～图 5-21 为常用的不完全齿轮机构。

图 5-18　单齿外啮合传动　　　　　图 5-19　部分齿外啮合传动

图 5-20　单齿内啮合轮传动　　　　　　图 5-21　齿轮与齿条传动

5.1.5　间歇运动机构设计的基本问题

在实际设计和使用间歇运动机构的时候，一般需要注意以下三个基本问题。

1．对从动件动、停时间的要求

在间歇运动机构中，从动件的运动时间一般是机床和自动机做送进、转位等辅助工作的时间，而其停歇时间往往是机床或自动机进行工艺加工的时间。二者的比值为动停时间比，即

$$k = \frac{t_d}{t_t}$$

式中，t_d 为从动件在一个运动周期中的运动时间，t_t 为其停歇时间。

2．对从动件动、停位置的要求

根据设计要求，选取从动件运动行程的大小，注意从动件停歇位置的准确性。

3．对间歇运动机构动力特性的要求

尽量保证间歇运动机构动作平稳、减少冲击，尤其要减少高速运动构件的惯性负荷，合理选择从动件的运动规律。

下面通过几个实例来介绍间隙机构的设计与仿真过程。

5.2　棘轮机构建模与仿真

下面以一个用于制动器的棘轮机构为例，说明棘轮机构的设计与仿真过程。

5.2.1 棘轮机构主要结构参数的确定

首先，确定齿形为不对称梯形齿，再根据棘轮机构齿数参照表选择齿数为 24；根据多齿小模数棘轮的模数、齿数与顶圆直径表，选择模数为 2.5，齿顶圆直径为 60mm；在已知齿数、模数、齿顶圆半径的基础上，根据棘轮和棘爪的外形尺寸表得出以下数据，齿距 $p=\pi m=7.85$，齿高 $h=2.5$，齿顶弦厚 $a=1.2$，齿根圆角半径 $r=0.5$，齿面倾角 $\alpha=10°$，轮宽 $b=1m$，齿槽夹角 $\Psi=60°$，工作面边长 $h_1=5$，非工作面边长 $a_1=1$，爪尖圆角半径 $r_1=0.8$，齿形角 $\varphi_1=55°$，如图 5-22 所示。

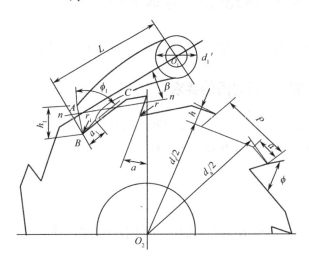

图 5-22　棘轮和棘爪的外形尺寸

5.2.2 建立棘轮机构的装配模型

（1）建立表达式。打开 UG NX 9.0，在建模环境下，选择"工具"→"表达式"，打开表达式对话框，输入棘轮和棘爪的外形尺寸的参数化方程，如图 5-23 所示。

（2）绘制草图。打开 UG NX9.0，选择"建模"→"草图"，根据上述参数绘制棘轮机构的轮廓草图，如图 5-24 所示。

（3）在装配环境下，建立棘轮机构的装配文件，选择 Assemble → Component → Add Compoment 命令，将已建立的棘轮机构草图作为第一个零件加入到装配模型中，创建新组件。选择"插入"→"拉伸"，利用拉伸命令创建棘轮机构的棘轮，将草图拉伸，可得棘轮模型，如图 5-25 所示。

图 5-23　棘轮机构表达式

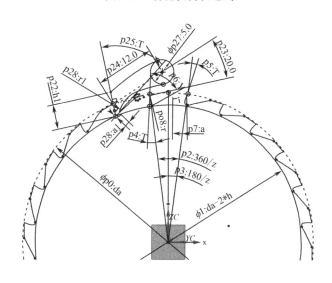

图 5-24　棘轮机构的轮廓草图

（4）建立棘轮机构的装配模型。运用 WAVE 技术将草图曲线、回转中心等抽取并
传递至各零件中，作为各零件的设计依据与定位基准，创建新组件主动棘爪、止回棘
爪和机架，在此基础上，完成棘轮机构的装配模型，如图 5-26 所示。

图 5-25　棘轮　　　　　　　　　　　　图 5-26　棘轮机构的装配模型

5.2.3　棘轮机构运动仿真

（1）单击"开始"，选择"运动仿真"选项，进入运动仿真环境。

（2）定义"连杆"。将棘轮、棘爪、连杆构件定义为"连杆"，将销定义为"固定连杆"。

（3）定义"运动副"。依次定义棘轮与连杆、棘爪与连杆之间为"旋转副"，这里需要定义驱动连杆与棘轮之间的"旋转副"为简谐运动，棘爪与棘轮之间为"3D 接触"，棘爪尖端与棘轮中心之间为"弹簧副"，如图 5-27 所示。

（4）建立解算方案，设置运动时间为 30 秒，步数为 150 步，分析模型的运动状况。

图 5-27　棘轮机构运动仿真模型

（5）输出运动曲线。调用图表功能来绘制旋转副 J005 即从动棘轮的位移曲线，如图 5-28 所示。从运动线图可以看出，实现了预期的运动规律。

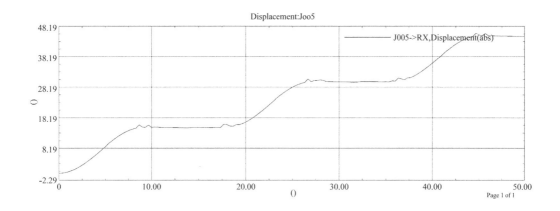

图 5-28　从动棘轮的位移曲线

5.3　槽轮机构的设计与仿真

设计一槽轮机构，实现工作台四工位分度转位，槽轮机构中心距 a=80mm。

5.3.1　槽轮机构主要结构参数的确定

选用外啮合槽轮机构，槽轮槽数 z=4，圆销数 n=1，槽轮机构结构如图 5-29 所示。

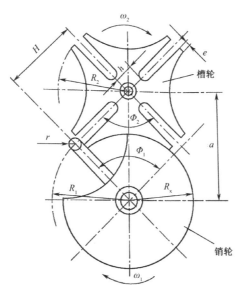

图 5-29　槽轮机构结构图

槽轮机构的主要参数计算，见表 5-1。

表 5-1　槽轮机构尺寸计算

参数名称	计算公式与结果
槽轮槽间角 ϕ_2	$\phi_2 = \dfrac{2\pi}{z} = \dfrac{2 \times 180°}{4} = 90°$
销轮运动角 ϕ_1	$\phi_1 = \pi - \phi_2 = 90°$
圆销中心的回旋半径 R_1	$R_1 = a\sin\dfrac{\pi}{z} = 80 \times \sin\dfrac{\pi}{4} \approx 56.6$
圆销半径 r	$r \approx \dfrac{R_1}{6} = \dfrac{56.6}{6} \approx 9.4$
槽轮外圆半径 R_2	$R_2 = \sqrt{[a\cos(\frac{\phi_2}{2})]^2 + r^2} \approx 57.4$
槽顶高 H	$H = a\cos\dfrac{\pi}{z} \approx 56.6$
槽轮槽长 b	$b = R_1 + R_2 + r - a + 3 = 46.4$
槽顶侧壁厚 e	$e = 0.6r = 0.6 \times 9.4 \approx 5.6$
锁止弧半径 R_x	$R_x = R_1 - r - e = 41.6$
外凸锁止弧张开角 γ	$\gamma = 2\pi(\dfrac{1}{n} + \dfrac{1}{z} - \dfrac{1}{2}) = 270°$
运动系数 t	$t = n\dfrac{z-2}{2z} = 0.25$
拨盘回转轴直径 d_1	$d_1 < 2(a - R_2) = 45.2$
槽轮轴直径 d_2	$d_2 < 2(a - R_1 - r - 3) = 22$

5.3.2　绘制槽轮机构草图

1．建立表达式

进入 Modeling 模块，选择"工具"→"表达式"，打开表达式对话框，根据表 5-1 计算过程，建立表达式，为便于输入，已将表中原有的希腊字母改为英文字母，如图 5-30 所示。

名称 ▲	公式	值	单位	类型	附注	检查
a	80	80	mm	数量		
b	R1+R2+r·a+3	46.345...	mm	数量		
d1	2*(a-R2)-10	35.302...	mm	数量		
d2	2*(a-R1-r-3)-10	12.006...	mm	数量		
e	0.6*r	5.6568...	mm	数量		
H	a*cos(180/z)	56.568...	mm	数量		
n	1	1		数量		
O1	180-O2	90	度	数量		
O2	360/z	90	度	数量		
r	R1/6	9.4280...	mm	数量		
R1	a*sin(180/z)	56.568...	mm	数量		
R2	(a*cos(O2/2))...	57.348...	mm	数量		
Rx	R1-r-e	41.483...	mm	数量		
t	n*(z-2)/(2*z)	0.25		数量		
Y	360*(1/n+1/z...	270	度	数量		
z	4	4		数量		

图 5-30　槽轮机构表达式

2．绘制草图

打开 UG NX，选择"建模"→"草图"，根据上述的计算结果，绘制槽轮机构的草图，如图 5-31 所示。

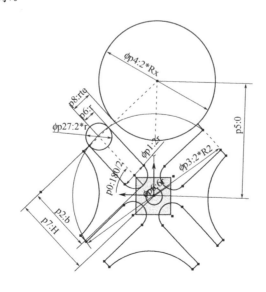

图 5-31　槽轮机构草图

5.3.3　槽轮机构装配模型的建立

（1）在装配环境下，建立槽轮机构的装配文件，选择 Assemble → Component → Add Compoment 命令，将已建立的槽轮机构草图作为第一个零件加入到装配模型中。

（2）创建新组件。选择"插入"→"拉伸"，利用拉伸命令创建槽轮机构的槽轮，如图 5-32 所示。

（3）创建新组件拨盘、圆柱销、机架，运用 WAVE 技术将槽轮的回转中心、表面等抽取并传递至拨盘、园柱销、机架中，作为各零件的设计依据与定位基准，在此基础上，建立它们的模型。至此，完成槽轮机构装配模型，如图 5-33、图 5-34 所示。

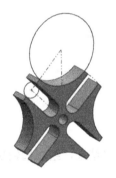　　

图 5-32　槽轮　　　　　图 5-33　拨盘　　　　图 5-34　槽轮机构装配模型

5.3.4　槽轮机构的运动仿真

1．定义连杆

（1）单击"开始"，选择"运动仿真"选项，进入运动仿真界面。

（2）首先定义连杆，将拨盘、槽轮定义为"活动连杆"，将底座定义为"固定连杆"。

2．定义运动副

（1）由于底座是固定连杆，系统自动为其生成"固定副"J001。

（2）分别定义拨盘、槽轮与底座之间为"旋转副"。

（3）为保证槽轮机构运动过程中，拨盘始终与槽轮相接触，创建拨盘与槽轮 3D 接触。

3．定义驱动

根据 $n=5\text{r/min}$，设定初速度，如图 5-35 所示。

4．建立解算方案

运动时间为 48，步数为 48，并输出从动件的位移曲线，如图 5-36 所示。

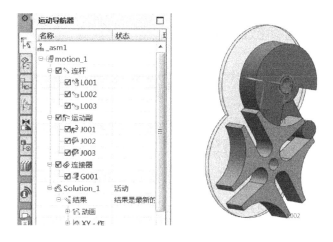

图 5-35　槽轮机构运动模型

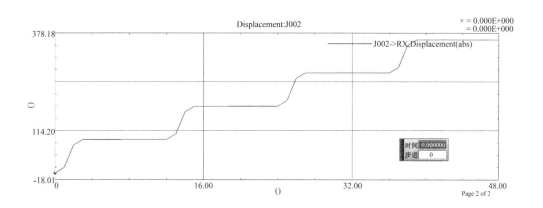

图 5-36　位移曲线

5.4　不完全齿轮机构的设计

设计一对不完全齿轮机构，要求从动轮每一次转角 $\varPsi_2$=90°，即在自身回转一周过程中运动与停歇各四次，$N=2\pi/\varPsi_2=4$。自动轮回转一周过程中，从动轮运动与停歇各一次，其运动时间与停歇时间之比在 0.25～0.35 范围。

5.4.1　主要结构参数的确定

初始数据的选择，取主动轮 z_1=48，从动轮 z_2=48，模数 m=2，分度圆压力角 α=20°，从动轮齿顶高系数 h_{a2}^*=1。由原始数据可得如下数据。

齿轮齿顶圆的两个交点间所对从动轮中心角之半为

$$\beta_2 = \arccos[\frac{z_2(z_1+z_2)+2(z_2-z_1)}{(z_1+z_2)(z_2+2)}]=16.26°$$

从动轮顶圆压力角 $\alpha_{a2} = \arccos[(z\cos\alpha)/(z_2+2h_{a2}^*)]=25.56°$

从动轮顶圆齿厚所对中心角之半 $\theta_2 = [\pi/2z_2]-\mathrm{inv}\alpha_{a2}+\mathrm{inv}\alpha=0.01538\mathrm{rad}=0.88°$

从动轮每次运动所转角度中的齿数 $K' = z_2[2\beta_2-(2\pi/z_2)+2\theta_2]/2\pi=3.57$，取整数 $K=3$。

单齿传动中从动轮每次转角 $\delta_2 = 2\pi K/z_2 = 0.3927\mathrm{rad}=22.5°$

$$Y=（K-1）\pi/z_2=0.13089\mathrm{rad}=7.5°$$

主动轮末齿齿顶高系数 $h_{a1}^{*''}=(-z_1+\sqrt{z_1^2-2G})/2=0.52$。按 $h_{a1}^{*'}\leqslant h_{a1}^{*''}$，取 $h_{a1}^{*'}=0.4$

主齿轮首齿齿顶高压力角 $\alpha_{a1}' = \mathrm{ar}\cos[(z_1\cos\alpha)/(z_1+2h_{a1}')]=22.4°$

第一对与第二对齿间重叠系数 $\varepsilon = [z_1(\tan\alpha_{a1}'-\tan\alpha')+z_2(\tan\alpha_{a2}'-\tan\alpha')]/2\pi=1.24$

主动轮末齿齿顶圆压力角 $\alpha_{a1}'' = \arccos[(z_1\cos\alpha)/(z_1+2h_{a1}^{*''})]=22.13°$

主动轮顶圆齿厚所对中心角之半 $\theta_1 = [\pi/(2z_1)]-(\mathrm{inv}\alpha_{a1}''-\mathrm{inv}20°)=1.5°$

主动轮末齿中心线与过锁止弧起点 F 的半径间夹角为

$$\varphi_1' = \arcsin[\frac{(z_2+2h_{a2}^*)\sin(\delta_2-\gamma_2-\theta_2)}{(z_1+2h_{a1}^{*''})}]-\theta_1=0.22515\mathrm{rad}=12.9°$$

主动轮首齿廓在点 A 处的压力角为

$$\alpha_A = \arccos\{z_1\cos\alpha[(z_2+2)^2+(z_1+z_2)^2-2(z_2+2)*(z_1+z_2)\cos(\gamma_2+\theta_2)]^{\frac{1}{2}}\}=16.74°$$

$$\gamma_2+\theta_2=(7.5°+0.88°)=8.38°$$

$$\alpha_{a2} - \alpha = (25.56° - 20°) = 5.56°$$

主动轮首齿中心线与过锁止弧终点 G 的半径间夹角为

$$\varphi_1 = \arcsin\{(z_2 + 2)\sin(\gamma_2 + \theta_2)/[(z_2 + 2)^2 + (z_1 + z_2)^2 - 2(z_2 + 2)$$

$$(z_1 + z_2) + \cos(y_2 + \theta_2)]^{\frac{1}{2}}\} + \frac{\pi}{2z_1} - \text{inv}\alpha_A + \text{inv}\alpha = 11.14°$$

从动轮每一次齿数 $z_2' = \psi_2 z_2 / 360° = 90 * 48 / 360° = 12$

主动轮上两弧止弧间的实际齿数 $z_1' = z_2' - K + 1 = 12 - 3 + 1 = 10$

主动轮首末两齿中心线间夹角为

$$\xi = 2\pi(z_1' - 1)/z_1 = 2\pi(10 - 1)/48 = 1.17810\text{rad} = 67.5°$$

从动轮每一次运动的时间为

$$t_f = T(\phi_1 + \xi + \phi_1')/2\pi = T(11.14° + 67.5° + 12.9°)/360° = 0.254T$$

从动轮每一次停歇的时间 $t_d = T - t_f = T - 0.254T = 0.746T$

动停比 $k = t_f / t_d = 0.254T / 0.764T = 0.34$

主从动轮中心距 $C = m(z_1 + z_2)/2 = 96$

从动轮顶圆齿厚为 0.5 时所对中心角为

$$\lambda_2 = 1/(z_2 + 2h_{a2}^*) = 1/(48 + 2 * 1) = 0.02\text{rad} = 1.15°$$

锁止弧半径为

$$R = [m\sqrt{(z_2 + 2)^2 + (z_1 + z_2)^2 - 2(z_2 + 2)(z_1 + z_2)\cos(\gamma_2 + \theta_2 - \lambda_2)}]/2 = 46.86$$

5.4.2　不完全齿轮机构装配模型的建立

1．建立表达式

进入 Modeling 模块，选择"工具"→"表达式"，打开表达式对话框，根据上述计算过程，建立表达式，如图 5-37 所示。

2．建立齿轮模型

使用 GC 工具箱创建主动齿轮与从动齿轮，如图 5-38 所示。

名称 ▲	公式	值	单位	类型
a	20	20	度	数量
aA	arccos(z1*cos...	16.744...	度	数量
aa1'	arccos((z1*co...	22.438...	度	数量
aa1"	arccos((z1*co...	22.438...	度	数量
aa2	arccos((z2*co...	25.563...	度	数量
B2	arccos((z2*(z1...	16.260...	度	数量
C	m*(z1+z2)/2	96	mm	数量
E	(z1*(tan(aa1')-...	1.2480...		数量
G1	Radians(arcsin...	0.1944...	弧度	数量
G1'	arcsin(((z2+2*...	12.887...	度	数量
ha1'	floor(ha1'*10-...	0.4		数量
ha1"	((z1^2-2*((z1+...	0.5245...		数量
ha2	1	1		数量
k	((G1+L+G1')/3...	0.3409...		数量
K'	floor(z2*(2*Ra...	3		数量
L	2*pi()*(z1'-1)/z1	1.1780...	弧度	数量
m	2	2		数量
N	4	4		数量
o1	pi()/(2*z1)-(tan...	0.0262...	弧度	数量
o2	pi()/(2*z2)-(tan...	0.0154...	弧度	数量
R	(m*((z2+2*ha2...	46.824...	mm	数量
s2	2*pi()*K'/z2	0.3926...	弧度	数量

图 5-37 不完全齿轮表达式

3. 从动轮锁止弧的设计

画出从动轮的锁止弧草图，并根据表达式的值对草图进行尺寸约束，如图 5-39 所示。将草图拉伸，在从动轮上切削锁止弧，形成从动轮上的锁止弧，如图 5-40 所示。

图 5-38 主、从动轮　　　图 5-39 草图　　　图 5-40 从动轮锁止弧

4．主动轮锁止弧的设计

用同样的方法，建立主动轮上的锁止弧，如图 5-41、图 5-42 所示。至此，完成不完全齿轮的装配模型，如图 5-43 所示。

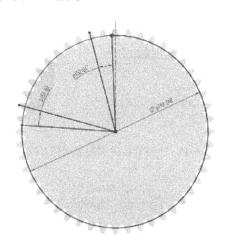

图 5-41　草图

图 5-42　主动轮锁止弧

图 5-43　不完全齿轮机构

5.4.3　不完全齿轮机构的运动仿真

第一步，创建连杆，依次将主动轮、从动轮定义为活动连杆。

第二步，创建运动副，对主动轮和从动轮创建转动副，完成两者之间的 3D 接触。

第三步，给定驱动，选择主动轮的转动副，右击编辑，选择驱动，转速恒定，初速度为 20rab/s，不完全齿轮机构运动仿真模型如图 5-44 所示。

最后，输出从动轮的位移曲线，如图 5-45 所示，实现了预期的设计要求。

图 5-44　不完全齿轮机构运动仿真模型

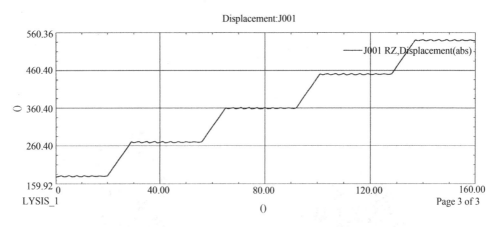

图 5-45　位移曲线

思考题

试设计圆柱凸轮式间歇机构，如图 5-46 所示，分度数为 6。

图 5-46

114 •

第 6 章

组合机构数字化设计与仿真

6.1 组合机构简介

在工程实际中，对于比较复杂的运动变换，单一的基本机构往往由于其本身所固有的局限性而无法满足多方面的要求。因此，人们把若干种基本机构用一定方式连接起来成为组合机构，以便得到单个基本机构所没有的运动性能。机构的组合是发展新机构的重要途径之一。

6.1.1 机构的组合方式

机构的组合方式有多种，在机构组合系统中，单个的基本机构称为组合系统的子机构，常见的机构组合方式主要有以下几种。

1．串联式组合

在机构组合系统中，若前一级子机构的输出构件为后一级子机构的输入构件，则这种组合方式称为串联式组合，如图 6-1 所示的机构就是这种组合方式的一个例子。

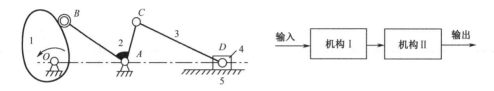

图 6-1　凸轮及滑块机构的串联组合

2．并联式组合

在机构组合系统中，若几个子机构共用同一个输入构件，而它们的输出运动又同时输入给一个多自由度的子机构，从而形成一个自由度为 1 的机构系统，则这种组合方式称为并联式组合，如图 6-2 所示的双色胶版印刷机中的接纸机构就是这种组合方式的一个实例。

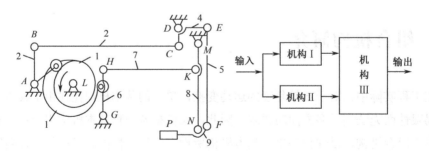

图 6-2　凸轮与五杆机构的并联组合

3．反馈式组合

在机构组合系统中，若其多自由度子机构的一个输入运动是通过单自由度子机构从该多自由度子机构的输出构件回收的，则这种组合方式称为反馈式组合，如图 6-3 所示的精密滚齿机中的分度校正机构就是这种组合方式的一个实例。

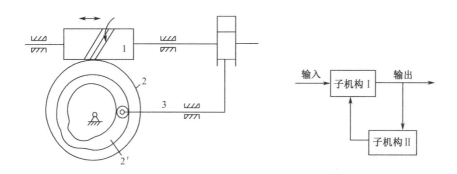

图 6-3　蜗杆与凸轮机构的反馈式组合

4．复合式组合机构

组合系统中，若由一个或几个串联的基本机构去封闭一个具有两个或多个自由度的基本机构，则这种组合方式称为复合式组合，如图 6-4 为凸轮与连杆机构的复合式组合。

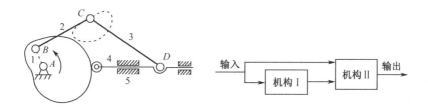

图 6-4　凸轮与连杆机构的复合式组合

6.1.2　组合机构的类型和功能

组合机构的定义，指的是用一种机构去约束和影响另一个多自由度机构所形成的封闭式机构系统，或是由几种基本机构有机联系、互相协调和配合所组成的机构系统。

在组合机构中，自由度大于 1 的差动机构称为组合机构的基础机构；自由度为 1 的基本机构称为组合机构的附加机构。

组合机构的类型多种多样，主要有三种形式，即凸轮-连杆组合机构、齿轮-连杆组合机构、凸轮-齿轮组合机构。多用于实现一些特殊的运动轨迹或获得特殊的运动规律，广泛应用于纺织、印刷和轻工业等生产部门。

下面以实例说明组合机构设计仿真过程。

6.2 运动函数

6.2.1 step 函数

格式：step（x, x0, h0, x1, h1）

x 为自变量，在 UG 中一般定义为 time；

x0 为自变量初始值，在 UG 中可以是时间段中的开始时间点；

h0 为自变量 x0 对应的函数值，可以是常数、设计变量或其他函数表达式；

x1 为自变量结束值，在 UG 中可以是时间段的结束时间点；

h1 为自变量 x1 对应的函数值，可以是常数、设计变量或其他函数表达式。

例1　数学表达式一

step（time,t0,h0,t1,h1）=h0（time≤t0）

$$h0+((time-t0)/(t1-t0))2*(h1-h0)$$

h1(time≥t1)

表示在时间段 t0 到 t1 时间段内，函数以中间波浪线样子的二次函数变化，在时间 t0 之前的时间段内，函数是 h0 的恒定数值变化，在时间 t1 后，函数是 h1 的恒定数值变化，也就是函数值经过时间段后 t0 到 t1 后，函数值发生了突变。当 t0 与 t1 非常接近的时候，可以近似认为，函数变化为一条直线，但是 t0 和 t1 不能相等。从 t0-t1 的数学表达式就可以知道，这是一个无解。h0 和 h1 可以相等，相等以后，整个函数曲线即一条直线，如图 6-5 所示。

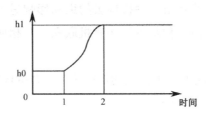

图 6-5　函数曲线图

例2　数学表达式二

step（time, 2, 1, 3, 3）+step（time, 4, 0, 5, -3）

也可以表达成 step（time, 2, 1, 3, step（time, 4, 0, 5, -3））

一般使用第一种加法形式较好，简洁明了，便于理解，对于时间段 4～5 内，时间点 4 位置对应的数值不是 3，而是 0。这是一个相对概念，指此处函数值是相对于上一个时间段的函数值，所以为 0，如果是 3 的话，那么 4 对对应函数值将变成 6，因此可见，相对函数值为 3-3=0，5 时间点对应函数值，同理为 0-3= -3。由这个例子可知，可以用 step 函数来控制连杆在不同时间段做不同运动规律的运动，如图 6-6 所示。

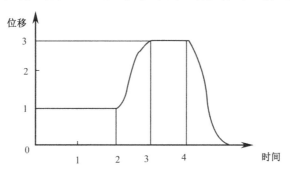

图 6-6　多个时间段内函数值发生突变的函数曲线图

6.2.2　余弦函数——简谐运动

shf(x, x0, a, *w*, phi, b)=asin(*w*(x−x0)−phi)+b

简谐运动既是最基本也是最简单的一种机械振动，如果一个质点的运动方程有如下形式：

$$x = A\cos(\omega t + \phi)$$

即，质点的位移随时间的变化是一个简谐函数，显然此质点的运动为简谐振动。*w* 为角速度，单位为度/秒或者弧度/秒。图 6-7 为简谐运动的图像，表示振动物体的位移随时间变化的规律，是一条正弦或余弦曲线。

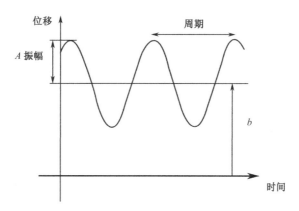

图 6-7　正弦或余弦曲线图

由此可知，shf 函数中，x 为变量，一般取 time，x0 为初始时间点，a 为振幅，w 为角速度，phi 为初项，也就是 t 等于 0 时的角度值，b 表示截距，也就是余弦函数的位移。

6.3 封装选项

封装选项是用来收集或封装特定对象信息的一组工具。

（1）干涉检查。检查机构中的干涉情况标识，比较一对实体或片体，检查其干涉重叠量。

（2）测量。用来测量机构对象、点之间的距离和角度，并建立安全区域。

（3）跟踪。跟踪机构对象和几何体在一机构中一个点或对象的运动。

（4）标记和智能点。通常标记和智能点与测量、跟踪功能一起使用。

封装选项在封装选项对话框中定义，如图 6-8 所示。一旦定义完毕，这些选项可在 Animation 运行环境中调用、处理并输出到屏幕或结果文件。

图 6-8 封装选项对话框

6.4　凸轮-连杆组合机构的设计与仿真

凸轮-连杆组合机构多是由自由度为 2 的连杆机构（作为基础机构）和自由度为 1 的凸轮机构（作为附加机构）组合而成。将凸轮机构和连杆机构适当加以组合而形成的凸轮-连杆组合机构，既发挥了两种基本机构的特长，又克服了它们各自的局限性，利用这类组合机构可以比较容易的准确实现从动件的多种复杂的运动轨迹或运动规律，在工程实际中得到广泛应用。

6.4.1　设计依据

心脏线凸轮组合机构广泛应用于轻工机械中，为了实现组合机构的心形轨迹设计，采用凸轮和十字滑架组合成组合机构，利用两个凸轮特有的规律进行心形轨迹的控制。实现运动轨迹的组合机构不断创新，设备的自动化程度和产品的效益都得到将显著的提高。

心脏线，是一个圆上的固定一点在它绕着与其相切且半径相同的另外一个圆周滚动时所形成的轨迹，因其形状像心形而得名，参数方程如下。

$$x=h(2\cos(t)-\cos(2t))$$
$$y=h(2\sin(t)-\sin(2t))$$

6.4.2　建立凸轮-连杆组合机构的运动简图

1. 建立表达式

进入 Modeling 模块，选择"工具"→"表达式"，打开表达式对话框。

在表达式对话框中建立表达式 $t=1$，$h=10$，输入凸轮轮廓曲线的参数化方程，建立 $x1$、$y1$、$x2$、$y2$ 与 t 的关系，如图 6-9 所示。

机构设计与运动仿真实践教程

图 6-9 凸轮轮廓曲线的参数

2．绘制凸轮轮廓曲线

选择"插入"→"曲线"→"规律曲线"，打开规律曲线对话框，在对话框中依次输入，建立 x1、y1、x2、y2 的变化规律，生成凸轮轮廓曲线，如图 6-10 所示。

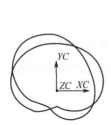

图 6-10　凸轮轮廓曲线

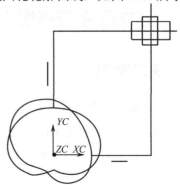

图 6-11　心脏线凸轮-连杆组合机构运动简图

· 122 ·

3．绘制连杆机杆

本机构需要在凸轮轮廓曲线的基础上绘制 4 个连杆，生成心脏线凸轮-连杆组合机构运动简图，如图 6-11 所示。

6.4.3　心脏线凸轮-连杆组合机构的运动仿真

（1）定义连杆。进入运动仿真环境，依次定义"固定连杆"、"活动连杆"。

（2）定义运动副。根据凸轮-连杆组合机构的运动情况，依次定义"移动副"，定义连杆 *AB*、*BC*、*CD* 与机架之间为"旋转副"。

（3）定义驱动。右击"旋转副"，选择"编辑"，打开运动副对话框，选择"驱动"选项，输入角速度的值为 10。

（4）定义追踪。选择两连杆的交点为追踪点，在运动的每一步创建点的副本。

（5）运动仿真。设定解算方案、求解后，打开"动画"对话框，勾选"追踪"，如图 6-12 所示。单击"播放"，曲柄旋转一圈，图形窗口显示出追踪点的一系列位置，如图 6-13 所示。

图 6-12　动画对话框

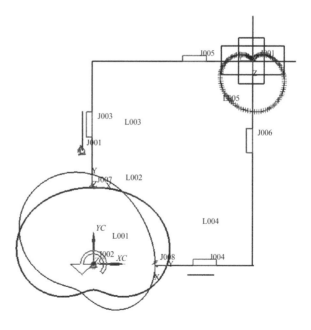

图 6-13　心脏线凸轮-连杆组合机构运动模型

6.5　齿轮-连杆组合机构的设计

单排内啮合式行星轮系-连杆组合机构广泛应用于轻工机械中，它利用了连杆曲线实现预定轨迹。试设计一单排啮合式行星轮系-连杆组合机构实现不同的轨迹。

6.5.1　单排内啮合式行星轮系-连杆组合机构装配模型的建立

（1）建立齿轮模型。为了组合机构输出不同的轨迹，采用参数化方式建立齿轮的模型。打开表达式工具，或者按 Ctrl+E 打开表达式窗口，然后在表达式窗口中输入表达式，如图 6-14 所示。

名称 ▲	公式	值	单位	类型
ang	180/pi ()*ang_ok	0		数量
ang_ak	t2*35	0		数量
ang_fdy	20	20		数量
ang_lx	-jsq_ctrl::ang	0		数量
ang_ok	tan(ang_ak)-pi ()*ang_ak/180	0		数量
c2	0.25	0.25		数量
d0	jsq_ctrl::mid_gear_hole_d	29.5		数量
da2	(z2+2*ha2)*m2	55		数量
df2	(z2-2*ha2-2*c2)*m2	43.75		数量
g_b	jsq_ctrl::b1-m2*2-7	18		数量
g_da1　(SKETCH_000:草图(8) 在 A…	da2	55		数量
g_df1　(SKETCH_000:草图(8) 在 A…	df2	43.75		数量
g_l_ag	90/z2+180/pi ()*(tan(20)-p…	5.353…		数量
ha2	1	1		数量
L2	25	25	mm	数量
m2	2.5	2.5		数量
p_bt　(SKT_000:草图(13) Line5 …	if (ang_lx<-20) (-20) els…	180		数量
r_fdy	m2*z2/2.0	25		数量
r_jy	r_fdy*cos(ang_fdy)	23.49…		数量
rk	r_jy/cos(ang_ak)	23.49…		数量
t2　(规律曲线定义的样条(0) law…	0	0		数量
w	jsq_ctrl::mid_gear_jc_w	8		数量
xt2　(规律曲线定义的样条(0) law…	rk*cos(ang)	23.49…		数量
yt2　(规律曲线定义的样条(0) law…	rk*sin(ang)	0		数量
z2	20	20		数量

图 6-14　齿轮表达式

（2）在装配环境下，建立组合机构的装配文件，选择 Assemble→Component→Add Compoment 命令，将已建立的齿轮作为第一个零件加入装配模型中，利用已建立的表达式创建小齿轮，运用 WAVE 技术将齿轮的回转中心抽取并传至连杆中，作为各零件的设计依据与定位基准，在此基础上，建立它们的模型。

单击"工具"→"表达式"→"创建部件间引用"→"选择已加载的部件"，图 6-15 是装配体的表达式，建立了各模型之间的参数关系。

名称 ▲	公式	值	单位	类型
"gan1"::L1	75-75/3	50	mm	数量
"mid_gear"::L2	25	25	mm	数量
"mid_gear"::r2	20	20	mm	数量
p0_x	0.00000000000	0	mm	数量
p1_y	0	0	mm	数量
p2_z	35	35	mm	数量
p18_x	0	0	mm	数量
p19_x	0	0	mm	数量
p19_y	0	0	mm	数量
p20_y	0	0	mm	数量
p20_z	0	0	mm	数量
p21_z	20.00000000000	20	mm	数量

图 6-15　部件间表达式

6.5.2　单排内啮合式行星轮系-连杆组合机构的运动仿真

1．定义连杆

将构件依次定义为连杆，本机构共 5 个连杆，如图 6-16 所示。

2．定义运动副

依次定义"旋转副"、"滑动副"、"齿轮副"，如图 6-17 所示。

3．运动驱动

为"旋转副 J001"定义驱动，在"J001"上右击，选择"编辑"，进入一下界面，在"驱动"选项，连杆 1 的驱动速度为 150。通过定义轨迹点反应其运动轨迹，如

图 6-18 所示。

在表达式中根据表 6-1 修改小齿轮的齿数、杆长等参数，形成轨迹如图 6-19～图 6-21 所示。

图 6-16　定义连杆

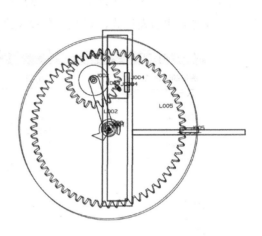

图 6-17　定义运动副

表 6-1　小齿轮的齿数、杆长等参数

L1=R1-R2	L2=R3	Z1	Z2	K	λ
50	25	60	20	r1/r2=3	r3/r2
50	12.5	60	20	r1/r2=3	r3/r2=1/5
56.25	6.25	60	15	r1/r2=4	r3/r2=1/3
45	20	60	24	r1/r2=2.5	r3/r2=2/3

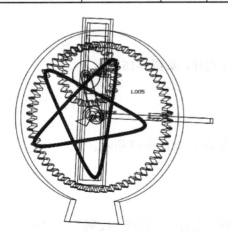

图 6-18　运动轨迹一

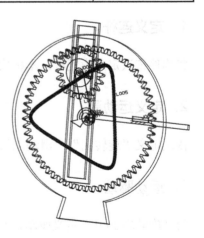

图 6-19　运动轨迹二

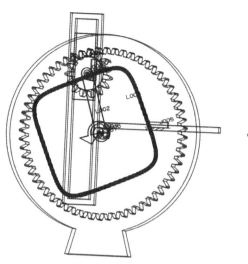

图 6-20   运动轨迹三

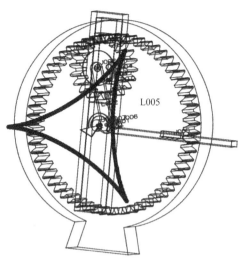

图 6-21   运动轨迹四

6.6   凸轮-齿轮组合机构的设计

6.6.1   设计依据

图 6-22 为由周转轮系和固定凸轮组成的组合机构。周转轮系的转臂为主动件，输出齿轮为中心轮，中心轮与转臂共轴线，在行星轮上固定连有滚子，它在固定凸轮的曲线槽中运动。当主动件以等角速度连续旋转时，输出齿轮能实现周期性的具有长区间停歇的步进运动，这种组合机构中，凸轮可控制行星轮的运动，对输出轴有一定的运动补偿。试设计一输出件实现周期性停歇的凸轮-齿轮组合机构。

图 6-22   固定凸轮周转轮系

6.6.2 固定凸轮周转轮系装配模型的建立

（1）建立周转轮系

取 $z_1=2z_2$，单击"柱齿轮建模"→"创建齿轮"，两个齿轮建完之后，选择齿轮啮合关系，两个齿轮将会啮，如图6-23所示。

（2）周转轮系运动仿真

单击"开始"→"运动仿真"→创建运动仿真，依次定义连杆、运动副，其中齿轮副的比率为0.5；在小齿轮上选择合适的点作为追踪点后，如图6-24所示。

图6-23 周转轮系

图6-24 周转轮系

定义运动驱动，选择"旋转副J001"定义驱动，在J001上右击，选择"编辑"，进入界面，在驱动选项，连杆1的驱动速度为10，齿轮2的驱动速度为位移函数，运用 step 函数控制齿轮运动规律，如图6-25所示；设定解算方案，求解后，打开动画对话框，勾选"追踪"，单击播放，齿轮旋转一圈，图形窗口显示出追踪点的一系列位置，如图6-26所示。

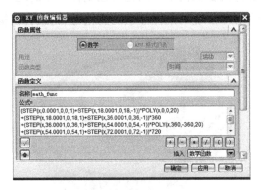

图6-25 Step 对话框

图 6-26　追踪轨迹

6.6.3　建立凸轮-齿轮组合机构的装配模型

（1）绘制凸轮的轮廓曲线　进入建模模块，单击"插入"→"曲线"→"样条"，选择"根据极点"的方式，在图形窗口中依次选择追踪点的副本，画出样条曲线，如图 6-27 所示。根据样条曲线，选择"插入"→"来自曲线集的曲线"→"偏置"命令，向两侧各偏置 3mm，生成凸轮的工作轮廓曲线。

（2）在装配环境下，建立凸轮-连杆组合机构的装配模型。选择 Assemble→Component→Add　Compoment 命令，将已经完成的机构加到装配模型中，并建立组合机构装配树。

（3）创建凸轮、销子等构件模型。运用 WAVE 技术将凸轮轮廓曲线、跟踪点等运动线图抽取至各构件中，作为各构件建立模型的依据，凸轮-齿轮机构的装配模型如图 6-28 所示。

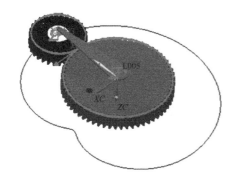

图 6-27　样条曲线

图 6-28　装配模型

6.6.4　凸轮-齿轮组合机构运动仿真

（1）编辑连杆。进入运动仿真环境，对各个构件进行编辑，将新建的特征，加入相应的构件中。

（2）编辑驱动。删除施加在大齿轮上的驱动，右击转臂"转动副"，打开运动副对话框，将驱动形式由"函数"改为"匀速"。

（3）输出运动曲线。运动副定义完毕，单击"求解"命令，等待软件求解完毕，即可观看动画。输出大齿轮的运动规律，如图 6-29 所示，从大齿轮的位移—时间图可以看出，输出轮按"停-等速运动-停-等速"转动的规律转过一周，凸轮-齿轮组合机构实现了预期的运动规律。

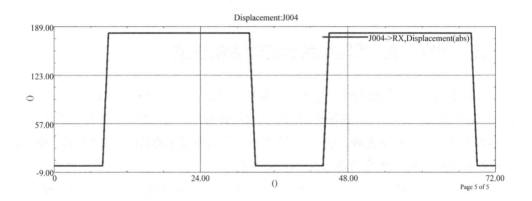

图 6-29　中心轮的位移——时间图

思考题

试设计送料机构，实现如图 6-30 所示的特定轨迹，其中，左右方向移动距离为30mm，上下方向移动距离为 20mm。

图 6-30　送料机构

第 7 章

万向联轴节与螺旋机构
的运动仿真

在生产实践中，经常用到万向联轴节、螺旋机构等。本章将结合两个实例说明万向节副、螺旋副的定义方法。

7.1 简介

7.1.1 万向联轴节简介

万向联轴节用于传递两相交轴之间的动力和运动，在传动过程中，两轴之间的夹角可以改变，分为单万向联轴节、双万向联轴节。单万向联轴节两轴线之间的夹角可达 40°～45°，主动轴做均匀角速转动，从动轴做变角速转动，还会产生附加的动载荷，如图 7-1 所示。为了消除从动轴变速转动的缺点，常将万向铰链机构成对使用，如图 7-2 所示。

万向联轴节结构紧凑，对制造和安装的精度要求不高，能适应较恶劣的工作条件。从传动方面看，它不仅可以传递两轴间夹角为定值时的转动，而且当轴间的夹角在工作过程中有变化时仍可以继续工作，因此，在机械中有着广泛应用。

图 7-1　单万向联轴节　　　　　　　　　图 7-2　双万向联轴节

7.1.2　螺旋机构简介

螺旋机构（Screw mechanism）利用螺旋副传递运动和动力。螺旋机构是由螺杆、螺母和机架组成，通常，它是将旋转运动转换为直线运动，但当导程角大于当量摩擦角时，它还可以将直线运动转换为旋转运动。它能获得很多的减速比和力的增益，选择合适的螺旋机构导程角，可获得机构的自锁性。但效率较低，具有自锁性的螺旋机构效率更是低于 50%。

螺旋机构中，除了螺旋副之外，通常还有转动副和移动副。最简单的三构件螺旋机构如图 7-3 所示。它由螺杆、螺母和机架组成。图 7-3 中 B 为螺旋副，导程为 P_B，图 7-3 中 A 为转动副，C 为移动副。当螺杆转过 φ 角时，螺母沿螺杆的轴向位移 s 如下。

$$s = P_B \frac{\varphi}{2\pi}$$

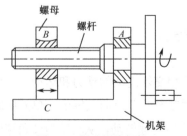

图 7-3　滑动螺旋机构

7.2　运动副定义

7.2.1　万向节副

万向节可连接两个成一定角度的转动连杆，有两个转动自由度，万向节副创建考虑如下。

（1）打开"万向节"对话框，如图 7-4 所示。

（2）从图形区中选择属于第一连杆的对象，定义第一个连杆。

（3）从图形区中选择属于第一连杆的对象，定义第二个连杆。

两个连杆旋转轴的交点即为万向节的原点。

7.2.2　螺旋副

螺旋副提供螺纹，模拟螺母在螺杆上的运动，创建步骤如下。

（1）选择第一个连杆。

（2）如必要，修正第一个连杆的原点和方向。

（3）选择第二个连杆，除非连杆与地固定。

（4）单击 OK 按钮，创建运动副，螺旋副对话框如图 7-5 所示。

其中，螺旋副等价于螺纹的比率。

图 7-4　万向节对话框

图 7-5　螺旋副对话框

7.2.3 柱面副

柱面副连接两个连杆，有两个运动自由度，一个转动自由度、一个移动自由度。

（1）选择第一个连杆，定义其原点和方向。

（2）选择第二个连杆，定义其原点和方向。

（3）单击 OK 按钮，创建运动副，柱面副对话框如图 7-6 所示。

图 7-6　柱面副对话框

7.3　双万向联轴节的建模与仿真

7.3.1　建立双万向联轴节的装配模型

（1）在装配环境下，建立双万向联轴节的装配文件，选择 Assemble→Component →Add　Compoment 命令，装配模型中建立底座，如图 7-7 所示。

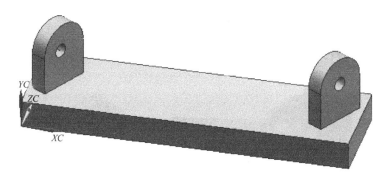

图 7-7　底座

（2）绘制主动轴、中间轴、从动轴的轴线，为使所连接两轴传动的角速度始终保持相等，即 $\omega_1 = \omega_3$，双万向联轴节必须满足以下两个条件：① 主动轴与中间轴的夹角必须等于从动轴与中间轴的夹角；② 中间轴两端的叉面应位于同一平面内，如图 7-8 所示。

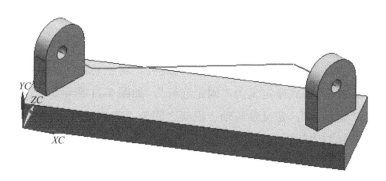

图 7-8　绘制轴线

（3）运用 WAVE 技术将主动轴、中间轴、从动轴的轴线抽取出来，作为各轴的设计依据与定位基准；创建主动轴、中间轴、从动轴模型，如图 7-9 所示。

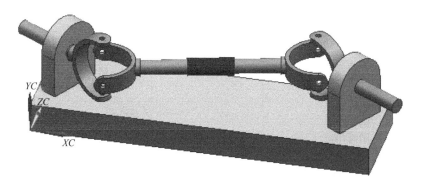

图 7-9　主动轴、中间轴、从动轴

（4）运用 WAVE 技术构建十字形构件模型，如图 7-10 所示，这样就得到了完整的双万向联轴节的装配模型。

图 7-10　双万向联轴节的装配模型

7.3.2　建立双万向联轴节的运动学仿真

（1）单击"开始"，选择"运动仿真"选项，进入运动仿真环境。

（2）做运动仿真前，需要将零部件定义为连杆，将主动轴、从动件、十字形构件定义为"活动连杆"，将底座定义为"固定连杆"，如图 7-11 所示。

（3）定义"运动副"，定义轴与轴、机架之间为"旋转副"，这里需要定义主动轴与中间轴、主动轴与中间轴的万向节副，由于机架是固定连杆，系统自动会为其生成"固定副"，如图 7-12、图 7-13 所示。

图 7-11　定义连杆

图 7-12　定义运动副

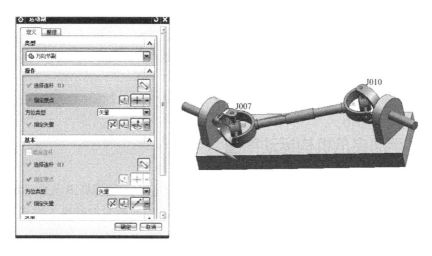

图 7-13　定义万向节副

（4）定义运动驱动。为旋转副 J002 选择恒定驱动，并设定驱动参数，使连杆 L001 以 50rad/s 的速度匀速转动，其余运动副设置为无驱动。检查此方案的有关信息，DOF（系统确定的机构总的自由度）值等于 0，表示机构是全约束的。

（5）进行仿真分析。时间设为 $t = 360 * pi(10 * 180)$ 秒（1 次工作循环），步数为 360 步，即连杆 L001 每转 1°，分析模型的运动状况。

运动分析完成，可以选择全程或单步的方式来进行运动仿真，即以动画来表现机构的运动过程。

（6）输出运动曲线。调用图表功能来绘出旋转副 J006，即从动轴的速度的仿真结果。从图 7-14 可看出从动轴做匀角速转动。

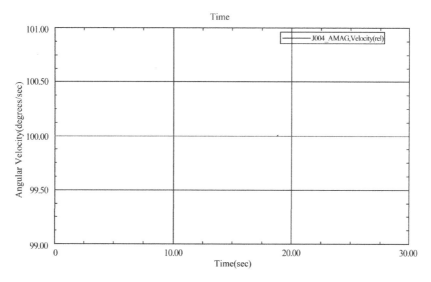

图 7-14　从动轴速度曲线

7.4 手动夹爪机构的建模与仿真

7.4.1 手动夹爪机构运动简图

手动夹爪机构运动简图如图 7-15 所示。转动手柄 *A*，使螺杆 *B* 与驱动螺母 *C* 直线运动，使滑柱 *D* 与驱动螺母 *C* 一起移动；滑柱 *D* 的两侧装有滑块 *E* 与滑块 *F*，两滑块可在两个小轴 *G* 上斜向运动。

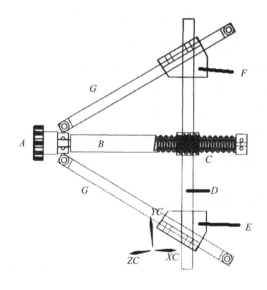

图 7-15 手动夹爪机构运动简图

7.4.2 建立手动夹爪机构的装配模型

（1）在装配环境下，选择 Assemble→Component→Add Compoment 命令，建立手动夹爪机构的装配文件，已绘制的手动夹爪运动简图作为第一个零件加到装配模型中。

（2）运用 WAVE 技术将主动轴、中间轴、从动轴的轴线抽取出来，作为各轴的设计依据与定位基准；建立螺杆、滑柱、小轴、驱动螺母等构件的模型，建立手动夹爪机构的装配模型，如图 7-16 所示。

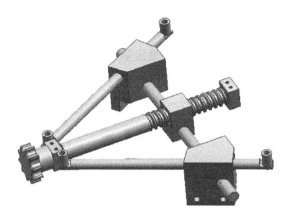

图 7-16　手动夹爪机构的装配模型

7.4.3　手动夹爪机构的运动仿真

（1）设定分析首选项及创建运动分析方案。

新建仿真，分析类型为动力学，默认高级仿真选项。

（2）做运动仿真前，需要将零部件定义为连杆，将螺杆、滑柱、小轴、驱动螺母等构件定义为"活动连杆"或"固定连杆"。

（3）定义"运动副"，依次定义螺杆、滑柱、小轴、驱动螺母之间为"旋转副"、"滑动副"，这里需要定义驱动螺母与螺杆的螺旋副，如图 7-17 所示；滑块与滑杆的柱面副如图 7-18 所示。

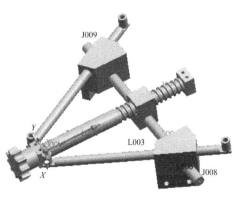

图 7-17　定义万向节副

（4）定义驱动。

定义运动驱动，为旋转副 J001 选择恒定驱动，并设定驱动参数，使连杆 L001 以 5degress/sec 的速度匀速转动，其余运动副设置为无驱动。检查此方案的有关信息，DOF 值等于 0，表示机构是全约束的。

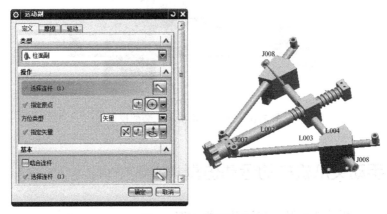

图 7-18　定义园柱副

（5）进行仿真分析。

时间设为 36 秒，步数为 100 步，分析模型的运动状况。运动分析完成，可以选择全程或单步的方式来进行运动仿真，即以动画来表现机构的运动过程。

（6）输出运动曲线。

调用图表功能来绘制滑动副 J002，即滑块的位移、速度、加速度曲线，如图 7-19 所示。

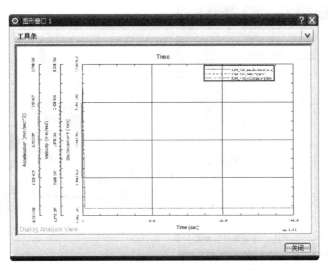

图 7-19　滑块的位移、速度、加速度曲线

•◦◦➡思考题

建立如图 7-20 所示的单向联轴节，并进行运动仿真。

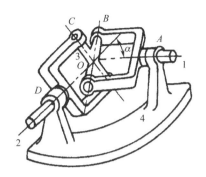

图 7-20　单向联轴节

第 8 章

机构动力学分析

机构动力学是研究机械在力作用下运动及在运动中产生的力的科学。动力学和运动学一样，一方面对现有机械进行研究；另一方面是设计机械使之达到给定的运动学、动力学要求。

机构动力学问题按其任务之不同，可分为以下两类。

（1）动力学反问题。已知机构的运动状态和工作阻力，求解输入转矩和各种运动副反力及其变化规律，即已知运动求力。

（2）动力学正问题。给定机器的输入转矩和工作阻力，求解机器的实际运动规律，即已知力求运动。

利用 NX 运动仿真模块功能，无需制造昂贵的实物样机，即可以虚拟方式模拟实际的作用力，并分析机械在这些力作用下的反应。在设计阶段中及早洞察产品性能，从而制造出更优质的产品，同时节省时间和金钱。

8.1 载荷

之前介绍的机构运动仿真只是说明某一运动副或物体具有一定的速度，或以一定的步长做一定步数的运动，这种类型的运动输入不包括引起物体运动的动力因素。本节将介绍使得物体产生运动或影响物体运动的关键因素——力，及其在动力学运动仿真模块中的应用。NX9.0 中的载荷包含了标量力、矢量力、标量扭矩、矢量扭矩 4 个命令。

8.1.1　标量力

标量力（Scalar Force）可简单地定义为：一定大小的、通过空间直线方向作用的力。

标量力可以使一个物体运动，也可以给一个处于静止状态（没有运动）的物体加载荷，还可以作为限制和延缓物体运动的反作用力。此处的讨论只限于如何用标量力使物体产生运动。

（1）创建标量力分为以下 5 个步骤。

①定义标量力的数值（Magnitude），单位为磅（1bf）或牛顿（N）。所定义的标量力的数值会在整个分析时间段中影响模型的运动。

②定义第一个连杆（Link）。

③定义标量力的原点（Origin）。标量力的原点定义了建立力方向的两个点中的第一个点，此点是箭头的尾部。

④选择第二个连杆（Link）定义标量力的作用物体。

⑤定义标量力的终点（Endpoint）。标量力的终点定义了建立力方向的两个点中的第二个点，此点是箭头的头部。

标量力的显示箭头方向只代表了标量力的初始方向，而在整个分析时间段中标量力的方向是不断变化的。关于力的方向只有一点是已知的，即力的起点和终点固定不变。

（2）创建一个标量力。

选择“主页”工具条中“标量力”图标 ，或选择“菜单”→“插入”→“载荷”→“标量力”命令，弹出标量力对话框，如图 8-1 所示。

第 1 步，定义标量力的数值。

在标量力对话框中可以定义标量力的数值，有以下两个类型选项。

● 表达式

可输入“常值作用力”，单位是英制（磅力）或公制（牛顿），取决于装配主模型中约定的单位。常值作用力表明静态力的数值作为相等的因子进入求解器的每一步迭代中，即最后一步迭代中力的数值等于第一步迭代中力的数值。

● 函数管理器

单击"函数管理器"按钮，打开"XY 函数管理器"对话框，从中可以选择现存的数学函数和表格函数，或打开"XY 函数编辑器"创建新的函数，如图 8-2 所示。

图 8-1 标量力对话框

图 8-2 XY 函数编辑器对话框

XY 函数编辑器提供了一系列工具来创建随时间变化的作用力。例如模拟疲劳、脉冲作用或单个惯量的作用力。一个随时间变化的作用力，可能包括模拟疲劳的脉冲力和单个的瞬态作用力。

用于定义"随时间变化的作用力"的数学函数有多项式函数、阶梯函数和简谐函数。

第 2 步，选择第一个连杆（Link）。

建立标量力必须首先从图形窗口中选择一个连杆。

第 3 步，指定标量力的原点。

定义决定力方向的两个点中的第一个点，可以用点对话框或捕捉点功能来选择点。

第 4 步，选择被标量力作用的第二个连杆。

在标量力对话框中激活第二个连杆，从图形窗口选择第二个连杆。如果希望第一个连杆与地固定，可直接单击 MB2。

第 5 步，定义标量力的终点。

定义决定力方向的两个点中的第二个点。

8.1.2 矢量力

矢量力（Vector Force）是有一定大小、以某方向作用的力，且其方向在下列两个坐标系的一个坐标系中保持不变。

①用户自定义坐标系，该坐标系与某一运动物体保持一定的相对关系。

②绝对坐标系。

矢量力和标量力的主要区别是力的方向，即在运动仿真中，标量力的方向可以不断变化，而矢量力的方向在某一坐标系中始终保持不变。

与标量力一样，矢量力也可使物体产生运动，或将载荷作用在处于静止状态的非运动物体上，或起到减缓、限制物体运动的反作用力。本书的讨论只限于矢量力使物体产生运动的内容。

（1）创建矢量力的 6 个步骤。

①选择矢量力坐标系。用户自定义坐标系或绝对坐标系，即"幅值和方向"或"分量"两个选项。

②选择被矢量力作用的连杆，即第一个连杆（First Link）。

③定义矢量力的原点（Origin）。矢量力的原点，即定义了矢量力的作用点。

④定义矢量力的方向（Orientation）。当在用户自定义坐标系中创建矢量力时，矢量力的方向对运动结果是极为关键的。

⑤定义矢量力的数值大小（Magnitude），单位为磅力（1bf）或牛顿（N）。

⑥（可选）选择被矢量力作用的（或称起始）连杆——第二个连杆（Second Link）。

（2）创建一个矢量力。

选择"主页"工具条中"矢量力"图标 ，或选择"菜单"→"插入"→"载荷"→"矢量力"命令，弹出矢量力对话框，如图 8-3 所示。

第 1 步，选择矢量力的类型。

有"幅值和方向"和"分量"两种形式，即选择绝对坐标系或用户自定义坐标系中定义矢量力，其对话框如图 8-3 所示。

第 2 步，选择第一个连杆，施加矢量作用力到其上的连杆。

矢量力必须作用在一个连杆上，本步骤要求从图形窗口中选择一个连杆。

第3步，定义矢量力的原点。

定义矢量力的作用点，当选择了一个连杆并接受后，可以用点对话框或捕捉点功能来选择点。

矢量力的原点可以在第一个连杆上或在模型空间的任意处。如果矢量力的原点不在第一个连杆上，那么在模型空间中选择的任意点会被系统当作第一个连杆的一部分，它与连杆之间的质心和动量关系与标量力相同。

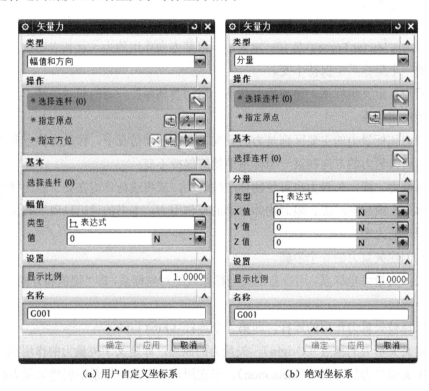

（a）用户自定义坐标系　　　　（b）绝对坐标系

图 8-3　矢量力对话框

第4步，定义矢量力的方向（幅值和方向选项）。

当选择好原点后，指定矢量力的方位，用定义矢量的方法中提供的功能定义矢量力的方向。

当矢量力坐标系生成后，矢量力指向表示矢量力方向的坐标系的 Z 轴正方向。

第5步，定义矢量力的数值。

• 在绝对坐标系中矢量力的数值。在绝对坐标系中，矢量力可由 3 个分量定义，每个轴 1 个分量，如图 8-3（b）所示。

• 在用户自定义坐标系中矢量力的数值。在用户自定义坐标系中，矢量力将只接受一个数值定义其大小，如图 8-3（a）所示。

● 矢量力的数值（与坐标系无关的内容）。可以定义矢量力的数值，有两个类型选项，即表达式和函数管理器，与标量力操作内容一致。

8.1.3　标量扭矩

在运动仿真模块中，标量扭矩的定义是：一定大小的力矩作用在某一旋转副的轴线上。

标量扭矩可使物体做旋转运动，给处于静止状态的物体施加一个扭矩，也可以给运动着的物体加一个反作用扭矩，以减缓或限制物体的运动。这里的讨论只限于标量扭矩使物体做旋转运动上。

（1）创建一个标量扭矩的两个步骤。

① 定义标量扭矩的大小，单位为 lbf·in 或 N·mm。

② 选择旋转副，施加标量扭矩到其上。注意，标量扭矩只能施加在旋转副上。

（2）创建一个标量扭矩。

选择"主页"工具条中"标量扭矩"图标 ，或选择"菜单"→"插入"→"载荷"→"标量扭矩"命令，弹出标量扭矩对话框，如图8-4所示。

注意，负扭矩表示顺时针旋转，正扭矩表示逆时针旋转。

图 8-4　标量扭矩对话框

第1步，定义标量扭矩的数值大小。

可以定义标量扭矩的数值，有两个类型选项，即表达式和函数管理器，与标量力操作内容一致。

第 2 步，选择旋转副，施加标量扭矩到其上。

标量扭矩必须施加在旋转副上，本步要求从图形区选择一个旋转副或输入旋转副的名称。选择好旋转副后，会出现一个箭头表示扭矩所在的方向。

8.1.4　矢量扭矩

在运动仿真模块中，矢量扭矩的定义是：一定大小的扭矩作用在用户自定义坐标系的 Z 轴上或绝对坐标系的一个或多个轴线上。

矢量扭矩和标量扭矩的主要区别是旋转轴的定义。标量扭矩必须施加在旋转副上，且必须采用旋转副的轴线，而矢量扭矩则是施加在连杆上，其旋转轴可由上述两个坐标系中的一个独立定义。

与标量扭矩一样，矢量扭矩可使物体做旋转运动。给处于静止状态的物体施加一个扭矩，也可以给运动着的物体施加一个反作用扭矩，以减缓或限制物体的运动。这里的讨论只限于矢量扭矩使物体作旋转运动上。

（1）创建矢量有以下 6 个步骤，其中第 6 步为可选项。

①选择矢量扭矩坐标系。用户自定义坐标系或绝对坐标系，即"幅值和方向"或"分量"两个选项。

②选择第一个连杆施加矢量扭矩。

③定义矢量扭矩的原点（Origin）。

④定义矢量扭矩的方向（Orientation），如果是用户自定义坐标系，选项必需。

⑤定义矢量扭矩的数值大小（Magnitude），单位为 lbf·in 或 N·mm。

⑥可选项：选择第二个连杆施加反作用扭矩。

（2）创建一个矢量扭矩。

选择"主页"工具条中矢量扭矩图标 ，或选择"菜单"→"插入"→"载荷"→"矢量扭矩"命令，弹出矢量扭矩对话框，如图 8-5 所示。

第 1 步，选择矢量扭矩的类型。

有"幅值和方向"和"分量"两种形式，即选择绝对坐标系或用户自定义坐标系中定义矢量扭矩，其对话框如图 8-5 所示。

第 2 步，选择矢量扭矩的作用对象，即第一个连杆。

矢量扭矩必须作用在连杆上，该步骤要求从图形区中选择一个连杆。

第 3 步，定义矢量扭矩的原点。

当选择好连杆并接受后，定义扭矩的作用位置即原点，它定义扭矩的作用点和旋转轴的原点，可用点坐标工具或捕捉点功能选择矢量扭矩原点的精确位置。

矢量扭矩的原点可以位于第一个连杆上，或在模型空间的任意点。

第4步，定义矢量扭矩的方向（幅值和方向选项）。

当选择好原点后，指定矢量扭矩的方位，即定义一个代表扭矩旋转轴的矢量，用定义矢量的方法中提供的功能定义矢量扭矩的方位。

（a）用户自定义坐标系　　　　　　　（b）绝对坐标系

图8-5　矢量扭矩对话框

8.2　重力与摩擦力

重力和摩擦力是现实中运动构件必须考虑的条件。在NX9.0运动仿真中，重力始终存在，用户可以根据情况设置重力大小，但不能移除。而摩擦力则可以忽略，也可以开启。

8.2.1 重力

地球上一切物体都受到地球的引力作用，由于物体受到地球的吸引作用而受到的力为重力。不只是地球对物体有吸引作用，任何两个物体都存在吸引作用，称为万有引力。但是在生活中一般只考虑重力，而忽略两个小物体的万有引力。

在 NX9.0 中设置重力的方法有两种：预设置和结算方案。

预设置：选择【菜单】|【首选项】|【运动】命令，打开"运动首选项"对话框，如图 8-6 所示。单击【重力常数】工具按钮，打开"全局重力常数"对话框，通过改变 Gx、Gy、Gz 自定义重力常数，如图 8-7 所示。

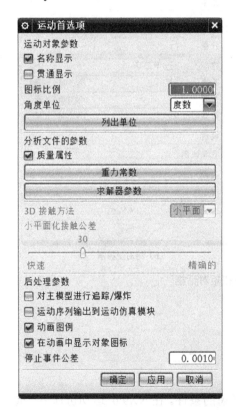

图 8-6 运动首选项对话框

图 8-7 全局重力常数对话框

解算方案：通过解算方案【重力】选项卡，如图 8-9 所示，设置重力的方向和大小。解算方案重力优先于预设置，但起初解算方案重力是默认与预设置相同的。

图 8-8　解算方案对话框

8.2.2　摩擦力

在机械运动中，常见的摩擦力有滑动摩擦力、滚动摩擦力、静摩擦力等，在 NX9.0 中能够定义滑动摩擦力和静摩擦力。

在粗糙的水平面上放置一重量为 P 的物体，该物体在重力 $\vec{P}$ 和法向约束力 $\vec{F}_N$ 的作用下处于静止状态，如图 8-9（a）。在该物体上作用一大小可变化的水平拉力 $\vec{F}$，当拉力 $\vec{F}$ 由零值逐渐增加但没有很大时，物体仍保持静止。可见支承面对物体除法向约束力 $\vec{F}_N$ 外，还有一个阻碍物体沿水平面向右滑动的切向力，此力即静滑动摩擦力，简称静摩擦力，常以 $\vec{F}_S$ 表示，方向向左，如图 8-9（b）所示。

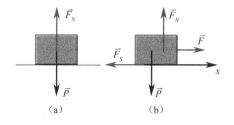

图 8-9　摩擦力受力分析

可见，静摩擦力就是接触面对物体作用的切向约束力，它的方向与物体相对滑动趋势相反，它的大小需用平衡条件确定。此时由 $\sum F_{ix}=0$，得 $F_s=F$。

由上可知，静摩擦力的大小随水平力 $\bar{F}$ 的增大而增大，这是静摩擦力和一般约束力共同的性质。

静摩擦力又与一般约束力不同，它并不随力 $\bar{F}$ 的增大而无限度地增大。当 $\bar{F}$ 的大小达到一定数值时，物块处于将要滑动，但尚未开始滑动的临界状态。这时，只要 $\bar{F}$ 再增大一点，物块即开始滑动。当物块处于平衡的临界状态时，静摩擦力达到最大值，即为最大静滑动摩擦力，简称最大静摩擦力，以 $\bar{F}_{max}$ 表示。

此后，如果 $\bar{F}$ 再继续增大，但静摩擦力不能再随之增大，物体将失去平衡而滑动，这就是静摩擦力的特点。

可知，静摩擦力的大小随主动力的情况而改变，但介于零与最大值之间，即

$$0=F_s \leqslant F_{max}$$

大量实验证明：最大静摩擦力的大小与两物体间的正压力（即法向约束力）成正比，即

$$F_{max}=f_s F_N$$

式中 f_s 是比例常数，称为静摩擦因数，它是无量纲数。

静摩擦因数的大小需由实验测定，它与接触物体的材料和表面情况（如粗糙度、温度和湿度等）有关，而与接触面积的大小无关。静摩擦因数的数值可在工程手册中查到，表 8-1 中列出了一部分常用材料的摩擦因数。影响摩擦因数的因素很复杂，如果需要比较准确的数值时，必须在具体条件下进行实验测定。

表 8-1　常用材料的滑动摩擦因数

材料名称	静摩擦因数		动摩擦因数	
	有润滑	有润滑	无润滑	有润滑
钢－钢	0.5	0.1～0.2	0.15	0.05～0.1
钢－软钢			0.2	0.1～0.2
钢－铸铁	0.3		0.18	0.05～0.12
钢－青铜	0.15	0.1～0.15	0.15	0.1～0.15
软钢－铸铁	0.2		0.18	0.05～0.15
软钢－青铜	0.2		0.18	0.07～0.15
铸铁－铸铁		0.18	0.15	0.07～0.15
铸铁－青铜			0.15～0.2	0.07～0.1
青铜－青铜		0.1	0.2	
皮革－铸铁	0.3～0.5	0.15	0.6	
橡皮－铸铁			0.8	
木材－木材	0.4～0.6	0.1	0.2～0.5	0.07～0.15

当滑动摩擦力达到最大值时，若主动力 $\bar{F}$ 再继续加大，接触面之间将出现相对滑动。此时，接触物体之间仍作用有阻碍相对滑动的阻力，这种阻力称为动滑动摩擦力，简称动摩擦力，以 $\bar{F}_d$ 表示。

实验表明：动摩擦力的大小与接触体间的正压力成正比，即 $F_d = fF_N$。

式中 f 是动摩擦因数，同静摩擦因数一样，它与接触物体的材料和表面情况有关。

动摩擦力与静摩擦力不同，没有变化范围。一般情况下，动摩擦因数小于静摩擦因数，即 $f < f_s$。

实际上动摩擦因数还与接触物体间相对滑动的速度大小有关。对于不同材料的物体，动摩擦因数随相对滑动的速度变化的规律也不同。多数情况下，动摩擦因数随相对滑动速度的增大而稍微减小。当相对滑动速度不大时，动摩擦因数可近似地认为是个常数，参阅表 8-1。

摩擦力没有专门的对话框可以执行，创建摩擦力可以在运动副、接触器（3D 接触、2D 接触）上进行，具体定义方法如下。

• 运动副：打开运动副对话框后，打开"摩擦"选项卡，勾选"启用摩擦"复选框，输入摩擦力参数，如图 8-11 所示。

• 3D 接触：打开 3D 接触对话框，打开"参数"选项卡，设置库伦摩擦选项为"开"，输入摩擦参数，如图 8-11 所示。2D 接触输入摩擦力的步骤基本一致。

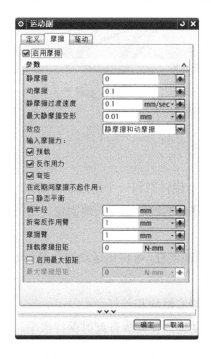

图 8-10　运动副对话框

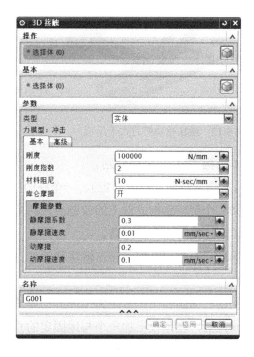

图 8-11　3D 接触对话框

8.3　NX 动力学仿真案例

如图 8-12 所示，以丝杠驱动剪刀式千斤顶为例，说明动力学问题在 NX 中的求解过程。

要求确定板上顶起 2000N 载荷所需的初始力矩，以及当将载荷提升到 29mm 处时的力矩大小。其中丝杠以常速 200 度/秒驱动。

动力学问题与上述运动学问题的处理过程大致类似，不同之处有三点。①必须建立三维数字化模型，②解算环境默认动力学即可，③需要施加力或力矩。

对于该剪刀式千斤顶，首先运用 NX Modeling 建立三维数字化模型（如图 8-12 所示）。分析可知，该机构需要 8 个连杆，分别为顶板、左上臂、右上臂、左滑块、丝杆、右滑块、左下臂、右下臂，如图 8-13 所示。

图 8-12　丝杠驱动剪刀式千斤顶　　　　图 8-13　连杆定义

本机构需要 12 个运动副。

①9 个旋转副（两个固定）、一个柱面副、一个旋转副和一个固定的滑动副。

②6 个旋转副构成臂上的铰链点，两个不能移动的铰链点应与地固定。用另外两个旋转副连接滑块和铰链臂。

③最后一个旋转副连接左滑块和丝杠，用来驱动丝杠，可将该运动副命名为 torque（J009）。

④用柱面副和一个节距为 10mm 的螺旋副连接右滑块和丝杠。

⑤最后，在顶板上加一个与地固定的垂直滑动副，使顶板升起时保持水平。可将此运动副命名为 plate（J010）。

运动输入，丝杠以常速 200 度/秒驱动；顶板中心施加 2000N 的矢量力，运动分析方案如图 8-14 所示。

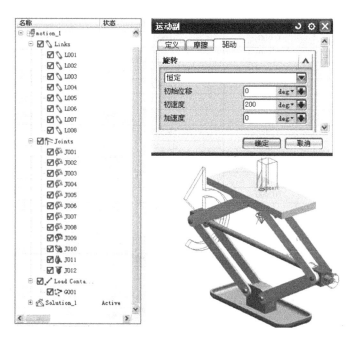

图 8-14 运动分析方案

进行运动仿真，设置运动仿真和图表参数为 20 秒、40 步，输出运动副 plate（J010）上的位移和 torque（J009）运动副上的扭矩，即可获得相应的图表，如图 8-15 和图 8-16 所示。

图 8-15 解算方案

Step	TIME	PLATE_MAG Displacement(abs)(mm)	torque_AMAGForce(abs)(N.mm)
0	0.000	0.000	5513.290
1	0.500	4.697	5256.442
...	...	...	...
7	3.500	28.992	4152.005
8	4.500	32.523	4015.799
...	...	...	...
17	8.500	59.567	3105.046
18	9.000	62.137	3027.544
...	...	...	...
39	19.500	102.271	1865.190
40	20.000	103.648	1821.788

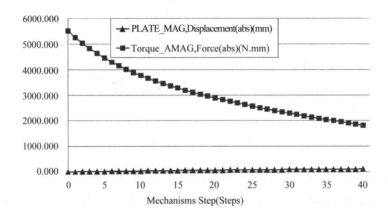

图 8-16 位移和力矩图表

由图表可知，顶板顶起 2000N 载荷所需初始力矩为 5513.3 N·mm，提升到 29mm 处所需力矩为 4152 N·mm。

⟶思考题

在如图 8-17 所示的行星轮系中，已知各轮的齿数为 $z_1=z_2=20$，$z_3=60$，各构件的质心均在其相对回转轴线上，它们的转动惯量 $J_1=J_2=0.01 \text{kg} \cdot \text{m}^2$，$J_H=0.16 \text{ kg} \cdot \text{m}^2$，行星轮 2 的质量 $m_2=2\text{kg}$，模数 $m=10\text{mm}$，作用在行星架 H 上的力矩 $M_H=40\text{N} \cdot \text{m}$。计算构件 1 为等效构件时的等效力矩 M_e 和等效转动惯量 J_e，并在 NX 平台上建立动力学模型。

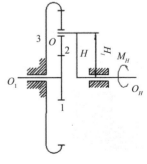

图 8-17 行星轮系

第 9 章

机械运动方案设计综合案例

9.1 机械运动方案设计过程

　　机械产品的设计开发一般要经过产品规划、方案设计、技术设计、施工设计等几个阶段。

　　机械执行系统方案设计是机械系统方案设计的核心。

　　机械执行系统方案设计的过程主要包括七个步骤，分别是：功能原理设计、运动规律设计、执行机构型设计、执行系统协调设计、机构尺度设计、运动和动力分析、方案评价与决策，如图 9-1 所示。执行系统方案设计可以用机械运动简图等方式表达设计内容。

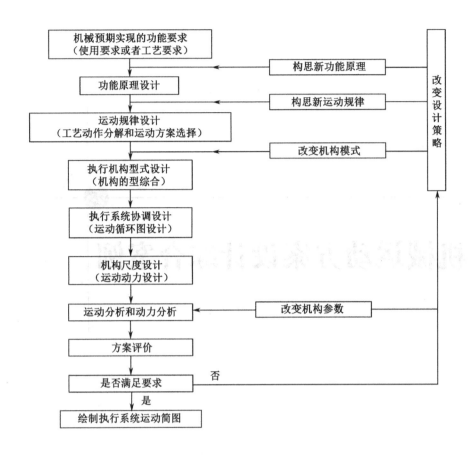

图 9-1　执行系统方案设计流程关系图

9.2　车床四方刀架体铣夹具设计

以车床四方刀架体上弧形槽仿形铣夹具为例，说明运动方案设计与仿真在机械产品设计过程中的运用。所谓机床夹具，就是机床上所使用的一种辅助设备，用来准确确定被加工零件与刀具的相对位置。以实现被加工零件的定位及夹紧，完成加工所需的相对运动，机床夹具是使加工零件定位和夹紧的机床附加装置。

9.2.1　设计依据

本工序加工车床四方刀架体四条等分的弧形定位槽，工件的材料为 45 钢，中批生产。四条弧形槽的中心 $\phi124$ 与 $\phi60H7$ 孔同心，深度逐步递减，具体尺寸如图 9-2

所示。选用立式铣床铣弧形槽，夹具带动工件一边绕 ϕ60H7 孔轴线旋转、一边作轴向移动，工件旋转一周，完成四条弧形槽的铣削。

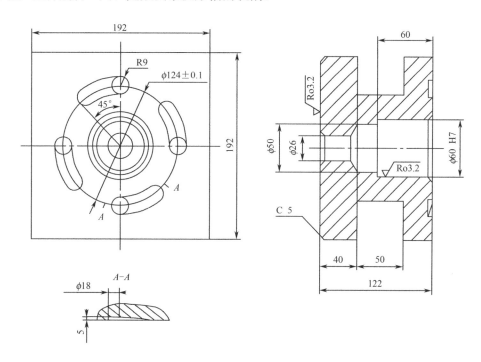

图 9-2　工序图

9.2.2　运动方案设计

　　为了准确确定工件相对铣刀的正确位置，并将两者的关系清晰直观地表达出来，首先，在 NX 环境下，建立如图 9-3 所示的工序模型；在工序模型上，过圆弧槽中心建立圆柱面，求出圆柱面与圆弧槽表面交线，即为刀具的切削轨迹；运用 WAVE 技术将此曲线抽取出来，传入运动方案模型，作为运动方案的设计依据。如图 9-4 所示。

　　然后，对加工工艺动作过程进行分解，确定若干执行动作，确定动作流程。选用手动摇动手柄，通过蜗杆蜗轮的啮合，使工件连同蜗轮一起转动，在蜗轮上安装一端面凸轮带动工件升降，这两种运动结合起来，实现预期的切削轨迹要求。在运动方案模型上，借助基准面、基准轴建立传动轴的空间布局，在相应的基准面上绘制蜗杆蜗轮的分度圆，空间草图如图 9-4 所示，反映了夹具的运动传动关系。

图 9-3 工序模型

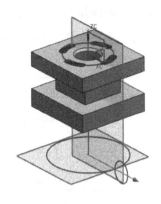

图 9-4 运动方案模型

9.2.3 结构方案设计

为了保证铣削时加工零件在夹具上占有正确的位置，并在加工过程中保持位置，工件必须完全定位，即采用六点定位。从图 9-1 工序图得知，工件端面经过加工，光洁度比较高，且直接放在夹具上与夹具支承面接触面积较大，不易产生夹紧变形，所以选取工件的底端面作为第一个定位基准（限制三个自由度）；工件的中心孔经过镗孔

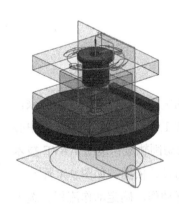

图 9-5 结构方案模型

处理，选取工件的中心孔作为第二个定位基准（限制两个自由度）；还剩下一个自由度，选取一个侧面作为第三个定位基准，这样工件就实现了完全定位，再采用顶面压紧。

打开运动方案模型，在装配环境下，选择 Assemble →Component→Create New 命令创建新组件，加入定位元件和夹紧元件，运用 WAVE 技术抽取工序模型的顶面、端面、ϕ60H7 孔的表面，并传递至定位元件和夹紧元件中，作为各元件的设计依据与定位基准，在此基础上，建立定位元件和夹紧元件模型，从而形成夹具的定位和夹紧方案，如图 9-5 所示。

9.2.4 结构设计

根据夹具的结构方案，建立各个元件的模型来完成圆弧槽仿形铣夹具的结构设计。对本夹具而言，起主导作用的四个等分的深度逐步递减的弧形定位槽形状和位置尺寸，将刀具的切削轨迹偏置轴套零件中，建立端面凸轮，如图 9-6 所示。抽取蜗杆蜗轮的分度圆曲线，在此基础上建立蜗杆蜗轮，如图 9-7 所示。夹具体是整个夹具的骨架，用于装夹夹具各个装置，使之成为一个整体，如图 9-8 所示。最后，在装配环境下对各个零件细化设计，实现夹具的设计。在完成夹具结构设计的同时，又完成了夹具的装配模型，如图 9-9 所示。

图 9-6　端面凸轮　　　　　　　图 9-7　蜗杆蜗轮

图 9-8　夹具体　　　　　　　图 9-9　夹具装配模型

9.2.5　运动仿真和干涉检查

利用 NX Motion 模块对工件的加工过程进行运动仿真，定义构件及齿轮副、凸轮副等各构件之间的运动传递关系，针对车床四方刀架体铣夹具的特点，重点对工件的运动轨迹进行分析，工件位移曲线图如图 9-10 所示，满足本工序的工艺要求；同时，对运动过程中夹具元件之间是否干涉进行检查，若发现存在干涉现象，在装配模式下可对相关元件进行同步修改。

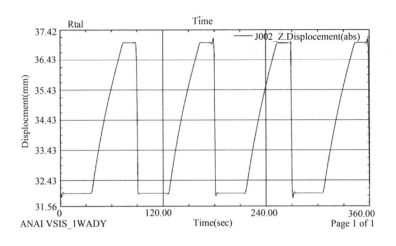

图 9-10　位移曲线

●●●➡**思考题**

设计一半自动钻床。设计加工图 9-11 所示工件的半自动钻床，进刀机构负责动力头的升降，送料机构将加工工件推入加工位置，并由定位机构使加工工件固定可靠。

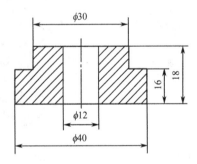

图 9-11　加工工件

（1）半自动钻床设计数据参见表 9-1。

表 9-1　半自动钻床凸轮设计数据

方案号	进料机构工作行程/mm	定位机构工作行程/mm	动力头工作行程/mm	电动机转速/（r/min）	工作节拍（生产率）1（件/min）
A	40	30	15	1450	1
B	35	25	20	1400	2
C	30	20	10	960	1

（2）设计任务。

①半自动钻床至少包括凸轮机构、齿轮机构在内的三种机构。

②设计传动系统并确定其传动比分配。

③图纸上画出半自动钻床的机构运动方案简图和运动循环图。

④凸轮机构的设计计算。按各凸轮机构的工作要求，自选从动件的运动规律，确定基圆半径，校核最大压力角与最小曲率半径。对盘状凸轮要用解析法计算出理论轮廓线、实际轮廓线值，画出从动件运动规律线图和凸轮轮廓线图。

⑤设计计算其他机构。

⑥编写设计计算说明书。

（3）设计提示。

①钻头由动力头驱动，设计者只需考虑动力头的进刀（升降）运动。

②除动力头升降机构外，还需要设计送料机构、定位机构。各机构运动循环要求见表 9-2。

③可采用凸轮轴分配协调各机构运动。

表 9-2　机构运动循环要求

名称 ＼ 凸轮轴转角	10°	20°	30°	45°	60°	75°	90°	105°～270	300°	360°
送料	快进			休止		快退		休止		
定位	休止	快进		休止		快退		休止		
进刀	休止					快进		快进	快退	休止

实验报告与实训报告

附录A　《理论力学》实验报告

平面连杆机构运动分析实验报告

一、实验目的

1. 能够利用虚拟样机技术对机构进行运动的分析。

2. 加深对工程力学 I 课程内容的理解。

3. 利用课程中运动学的相关知识，进行选题的理论分析求解。

4. 利用 NX 的运动分析模块，在进行机构运动仿真的基础上，导出相应的运动特性图。

5. 分析运动特性图，与理论计算结果进行比较分析。

二、实验内容和要求

1．实验题目。

请各小组根据各自的实验机构选题，列出实验题目要求及相关机构图。

2．利用 NX 的运动分析模块对建立的机构进行运动仿真。

3．对题目中的已知条件（如尺寸等值），可以自行设计，但要符合题意。

4．要求建立实体模型，并进行装配，再进入 NX 运动仿真模块进行仿真分析。

三、实验报告

1．平面连杆机构模型的建立。

（1）根据各自选题，进行建模相关尺寸参数的简要说明。

（2）粘贴模型图，展示 NX 中构建的数字化模型。

2．对建立的几何模型进行运动仿真的过程描述，并在模型图上标注出所有的连杆、运动副以及运动驱动。

建立运动分析的过程如下。

Step1：进入运动分析模块。

Step2：建立一个新的运动分析，在 motion navigator 导航器中的节点单击右键，选择 new simulation。

Step3：定义连杆，该机构应该建立＿＿＿＿＿＿＿个连杆。

Step4：定义运动副，应该建立＿＿＿＿＿＿＿个移动副和＿＿＿＿＿＿个转动副，以及＿＿＿＿＿＿个其他类型的运动副。

Step5：定义运动驱动，在合适的运动副上给定一个速度为＿＿＿＿＿＿的运动驱动。

Step6：运动仿真。

運動分析模型的结果图。粘贴在运动分析模块中定义好连赶、运动副、运动驱动的图，然后在图中手写标出对应的连杆、运动副、运动驱动。

3．利用所学理论力学知识对题目进行详细求解。

4. 利用 NX 对机构模型进行运动分析，获得题目中要求的运动特性图和表。

5. 结果对比。

附录 B　《机构与零部件设计》实验报告

B1　凸轮机构数字化设计与仿真实验报告

一、实验目的

1．理解凸轮轮廓线与从动件运动之间的相互关系，巩固凸轮机构设计和运动分析的理论知识。

2．用虚拟样机技术模拟仿真凸轮机构的设计。

二、实验内容

1．凸轮轮廓线的构建。

2．凸轮机构的三维建模。

3．凸轮机构的运动学仿真。

具体要求：设计一直动偏置滚子从动件凸轮机构，已知基圆 r_b=50mm，滚子半径 r_r=3mm，偏置 e=12mm，凸轮以等角速度逆时针转动，当凸轮转过 Φ=180°，从动件以等加速等减速运动规律上升 h=40mm，凸轮再转过 Φ'=150°，从动件以余弦加速度运动规律下降到原处，其余 $\Phi s'$=30°，从动件静止不动。试设计凸轮机构，并输出从动件运动规律。

三、实验结果

将所建立的凸轮轮廓线、凸轮机构的三维模型、凸轮机构的从动件运动规律附在实验报告中。

凸轮轮廓曲线
构建凸轮轮廓曲线的参数化方程

凸轮机构的三维模型

凸轮机构从动件运动规律

四、思考题

1．在构建凸轮轮廓线的曲线应注意哪些事项？在建立凸轮机构的三维建模时应注意哪些事项？

2．凸轮轮廓线与从动件运动规律之间有什么内在联系？

B2　牛头刨床主体机构设计与虚拟仿真实验报告

一、实验目的

使学生通过完成设计任务要求的机构或机械系统运动方案，应用虚拟样机技术进行分析，以及在 NX 系统上建立的机构或机构系统设计，达到初步培养机构运动设计中的创新意识和创新设计能力，以及应用先进的分析手段对机构运动特性进行分析、评价的能力。

二、基本要求

1．构思设计任务中机构传动系统的组成方案，画出机构示意图。

2．对所构思的机构方案进行论证及评价，选出较佳方案。

3．详细设计所确定的机构，按比例绘制出机构的运动简图。

4．应用虚拟样机仿真软件进行机构的仿真运动模拟及验证。

三、设计题目：牛头刨床主体机构设计

1．工作原理及工艺动作过程。

牛头刨床是一种用于切削平面的加工机床，它是依靠刨刀的往复运动和支承，并固定工件的工作台的单向间歇移动来实现对平面的切削加工。刨刀向左运动时切削工件，向右运动时为空回。

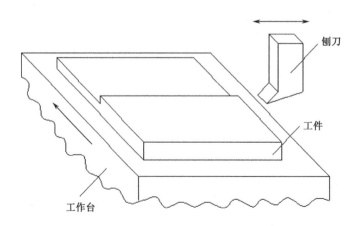

2．原始数据及设计要求。

（1）刨刀所切削的工件长度 $L=180\text{mm}$，并要求刀具在切削工件前后各有一段约 $0.05L$ 的空刀行程，每分钟刨削 30 次。

（2）为保证加工质量，要求刨刀在工作行程时速度比较均匀。

（3）为提高生产率，刨刀应有急回特性，要求行程速比系数 K=2。

四、实验报告

1．构思刨削主体机构运动组成方案，画出机构示意图。

2．详细设计所确定的机构，按比例绘制机构的运动简图。

3．应用虚拟样机仿真软件进行机构的仿真运动模拟。

4．输出运动线图。

B3 行星轮系的数字化设计与仿真实验报告

一、实验目的

1. 熟悉行星轮系的设计过程，巩固轮系设计的理论知识，激发学生的创新能力。
2. 用虚拟样机技术模拟仿真轮系机构的设计。

二、实验内容

1. 选择行星轮系类型。
2. 确定行星轮系各轮齿数。
3. 建立各齿轮的数字化模型和行星轮系的装配模型。
4. 行星轮系的运动学仿真。

具体要求：建立行星轮系的数字化装配模型。

拟定一套行星轮系虚拟时钟，i_{1H}=12，试选择轮系类型，并确定各轮的齿数和行星轮个数。

实验步骤：

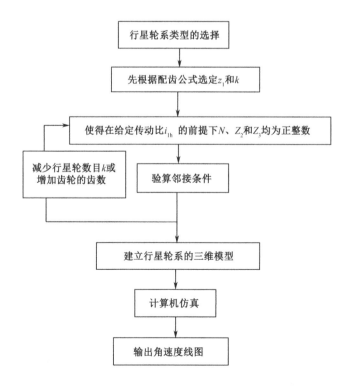

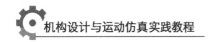

三、实验报告

将所建立的行星轮系的三维模型、运动规律附在实验报告中。

行星轮系的数字化模型
输入、输出构件的运动规律

四、思考题

1. 选择行星轮系类型时应注意哪些事项？

2. 行星各轮齿数是怎样确定的？

附录C　运动分析与动画设计实践

一、实践目的

1. 将机械基础理论应用于实际机械，培养形象思维能力、再学习能力，以及分析和解决问题的能力。

2. 培养运用机构运动简图正确表达机械系统以及机构方案设计的能力。

3. 培养发散思维和创新设计能力。

4. 培养学生协作能力及团队精神。

二、典型机构项目

图 C-1~图 C-24 为部分典型机构选题，具体设计要求和更多选题请查相关课程网站。

图 C-1　电机皮带涨紧机构

图 C-2　平行四杆推料机构

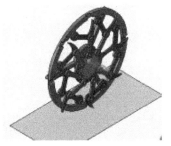

图 C-3　犁爪伸缩机构

图 C-4　双导杆间歇机构

图 C-5　前轮转向机构

图 C-6　正弦运动

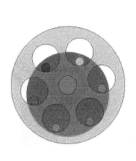
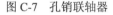

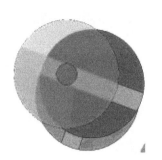

图 C-7　孔销联轴器　　　图 C-8　六组平行四杆机构　　　图 C-9　十字槽联轴器

图 C-10　双摇杆搬运机构　　图 C-11　转动导杆机构　　图 C-12　位置可调节的铰链六杆机构

图 C-13　机架长度可调的摆动导杆机构　　图 C-14　双滑块机构　　图 C-15　有停歇的铰链连杆机构

图 C-16　深拉压力机　　图 C-17　可实现单侧停歇的摆动导杆机构　　图 C-18　转动导杆机构

图 C-19　输出构件作间歇运动　　图 C-20　等宽凸轮机构　　图 C-21　挑膜机构

图 C-22　双偏心驱动导杆机构　　图 C-23　气钻行星齿轮机构　图 C-24　凸轮与转动导杆组合机构

三、基本要求

1. 观察课程网站提供的机构，分析其工作原理。绘制机构示意图，在 NX 平台上按比例正确绘制各执行机构的机构运动简图，并计算其自由度。

2. 在 NX 平台上建立选题的数字化模型，并进行运动仿真。

四、实践报告

1. 绘制机构示意图。

2．详细设计所确定的机构，按比例绘制机构的运动简图。

3．应用虚拟样机仿真软件进行机构的仿真运动模拟。

4．输出运动线图。

参考文献

[1]   申永胜. 机械原理教程[M]. 3 版. 北京：清华大学出版社，2015

[2]   邹慧君，殷鸿梁. 间隙运动机构设计与应用创新[M]. 北京：机械工业出版社，2008

[3]   濮良贵，纪名刚，陈国定，等. 机械设计[M]. 8 版. 北京：高等教育出版社，2006

[4]   胡小康. UG NX6 运动仿真培训教程[M] 北京：清华大学出版社，2009

[5]   张晓玲，沈韶华. 实用机构设计与分析[M] 北京：航空航天大学出版社，2010

[6]   李华敏，李槐贤，等. 齿轮机构设计与应用[M] 北京：机械工业出版社，2007

[7]   吕庸厚，沈爱红. 组合机构设计与应用创新[M] 北京：机械工业出版社，2008

[8]   张士军，张帅. 典型运动机构仿真设计：基于 UG NX4.0 的应用案例[M]. 北京：
       机械工业出版社，2011

[9]   曹岩. UG NX7.0 装配与运动仿真实例教程[M]. 西安：西北工业大学出版社，2010

[10]   张传敏，张恩光，战欣. 机械原理课程设计[M]. 广州：华南理工大学出版社，2012

[11]   李安生，杜文辽，朱红瑜. 机械原理实验教程[M]. 北京：机械工业出版社，2011

[12]   张展. 实用齿轮设计计算手册[M]. 北京：机械工业出版社，2011

[13]   饶振纲. 行星齿轮传动设计[M]. 2 版. 北京：化学工业出版社，2014

[14]   高海兵，李春英. 基于 NX 平台的齿轮三维实体建模[N]. 机械工程与自动化，
       2008，(02)：69-71

[15]   赵子坤. 含间隙机构动力学仿真学与实验研究[D]. 大连理工大学，2009.7

反侵权盗版声明

electron电子工业出版社依法对本作品享有专有出版权。任何未经权利人书面许可，复制、销售或通过信息网络传播本作品的行为；歪曲、篡改、剽窃本作品的行为，均违反《中华人民共和国著作权法》，其行为人应承担相应的民事责任和行政责任，构成犯罪的，将被依法追究刑事责任。

为了维护市场秩序，保护权利人的合法权益，我社将依法查处和打击侵权盗版的单位和个人。欢迎社会各界人士积极举报侵权盗版行为，本社将奖励举报有功人员，并保证举报人的信息不被泄露。

举报电话：（010）88254396；（010）88258888

传　　真：（010）88254397

E-mail：　dbqq@phei.com.cn

通信地址：北京市万寿路 173 信箱
　　　　　电子工业出版社总编办公室

邮　　编：100036